公務員考試叢書 ③

應考ACO/CA 文書職系公務員 面試技巧

第二版

EO Classroom 著

非凡出版

EO Classroom

since 2017

集合來自不同職系的前公務員，深入了解香港公務員職位應考程序，提供一系列政府職位投考及相關課程。

有別於坊間同類書籍作者，EO Classroom 既有豐富從政經歷，又有實際的公務員考試經驗。旗下皇牌產品包括 JRE 應試手冊、EO 面試手冊及相關課程，內容均由離任不久的前公務員撰寫，為讀者帶來最新、最準確的公務員應試及面試取分技巧！

IG：instagram.com/eoclassroom

網站：www.eoclassroom.com

FB：fb.me/eoiiclassroom

前言

ACO / CA（助理文書主任 / 文書助理）被本地網民戲稱為「ACO 師」，意思大約是一旦成功入職就等同於當上律師、工程師等專業人士，成為「人生贏家」。的而且確，對於沒有大學學位的考生而言，ACO / CA 是一份很穩定的工作；而對大學生來說，相較進入一般職場拼搏，碰上經濟不景隨時飯碗不保，投身政府是一個很理想的避風塘。但，到底要如何過關斬將才能成為「ACO 師」？

《應考 ACO / CA 面試技巧》是一份針對 ACO / CA 的求職企劃，由 EO Classroom 一眾曾任 EO（行政主任）的前公務員撰寫。事實上，EO 不僅是 ACO / CA 的面試考官，也是大部分 ACO / CA 的直屬上司，換言之，本書是從「考官 + 上司」角度出發，分享其心目中所要求的 ACO / CA 特質與條件。此外，本書亦會把 ACO / CA 的面試形式及考生應注意的技巧輯錄出來，幫助考生自我裝備，以應付競爭激烈的 ACO / CA 面試！

ACO / CA 只設一輪面試，意味着考生通過技能測驗（包括中、英文文書處理速度測驗，以及一般商業電腦軟件應用知識測驗）之後，只有一次爭取考官青睞的機會。很多人會詢問筆者，ACO / CA 的招聘自 2023 年 10 月起改為全年接受申請，那麼應該要花多久時間及如何作出準備，才可以在這個招聘活動中順利脫穎而出？好，現在筆者就跟大家分享箇中訣竅！

最後請容筆者戴一戴頭盔：考生須注意，本書內容並不代表任何官方立場；所有關於 ACO / CA 面試的安排事宜，請以公務員事務局的官方資訊為準。

目錄 Contents

Chapter 05

時事題

Chapter 06

英文題

結語

ACO / CA 的更多可能性

附錄

時事題參考網址一覽

Chapter 01

詳解 ACO / CA 職位

香港政府的文書職系屬於一支多技能支援隊伍,不論是文書主任職系抑或文書助理職系,均會滲透到不同決策局和部門,負責處理和支援包括財政、人事、文書支援及顧客服務等工作,故隊伍編制龐大,每次招聘人數不少。惟因學歷要求相對較低,所以往往吸引較招聘數目多出數十倍的人投考,競爭激烈。

1.1 甚麼是 ACO / CA ？

　　ACO 全名為 Assistant Clerical Officer（助理文書主任）；CA 為 Clerical Assistant（文書助理），在政府架構中，均隸屬於公務員事務局（Civil Service Bureau，簡稱 CSB），由一般職系處（General Grades Office，簡稱 GGO）管理。ACO 及 CA 會調派往各決策局及部門工作，負責提供多個範疇的一般支援及前線服務，是一支編制龐大的多技能支援隊伍。

　　根據公務員事務局網頁資料，截至 2024 年 6 月 30 日，文書主任職系及文書助理的編制人數合計超過 2.5 萬人。以下按照該局在 2024 年 7 月發佈的 ACO / CA 招聘廣告內容，看看這兩個職系的工作及薪資等資料：

職位名稱	助理文書主任 Assistant Clerical Officer (ACO)	文書助理 Clerical Assistant (CA)
薪酬*	總薪級表第 3 點（每月港幣 17,200 元）至總薪級表第 15 點（每月港幣 35,080 元） 註：頂薪點的資料只供參考，日後或會有所更改。	總薪級表第 1 點（每月港幣 15,180 元）至總薪級表第 10 點（每月港幣 26,590 元） 註：頂薪點的資料只供參考，日後或會有所更改。
入職條件	申請人必須： (a) (i) 在香港中學文憑考試五科考獲第 2 級或同等 [註 (1)] 或以上成績 [註 (2)]，其中一科為數學，或具同等學歷；或	申請人必須： (a) 已完成中四學業，其中修讀科目應包括數學，或具備同等學歷； (b) 具備相當於中四程度的中英文語文能力 [註 (1)–(3)]；

* 薪酬水平以 2024 年 7 月 1 日起的財政年度計。

	(ii) 在香港中學會考五科考獲第 2 級 [註 (3)] / E 級或以上成績 [註 (2)]，其中一科為數學，或具同等學歷； (b) 符合語文能力要求，即在香港中學文憑考試或香港中學會考中國語文科和英國語文科考獲第 2 級 [註 (3)] 或以上成績，或具同等成績； (c) 中文文書處理速度達每分鐘 20 字及英文文書處理速度達每分鐘 30 字，並具備一般商業電腦軟件的應用知識 [註 (4)]；以及 (d) 在《基本法及香港國安法》測試取得及格成績 [註 (5)]。	(c) 中文文書處理速度達每分鐘 15 字及英文文書處理速度達每分鐘 20 字，並具備一般商業電腦軟件的應用知識 [註 (4)]；以及 (d) 在《基本法及香港國安法》測試取得及格成績 [註 (5)]。
註	(1) 政府在聘任公務員時，香港中學文憑考試應用學習科目 (最多計算兩科)「達標」成績，以及其他語言科目 E 級成績，會被視為相等於新高中科目第 2 級成績。 (2) 有關科目可包括中國語文科及英國語文科。 (3) 政府在聘任公務員時，2007 年前的香港中學會考中國語文科和英國語文科 (課程乙)E 級成績，在行政上會被視為等同 2007 年或之後香港中學會考中國語文科和英國語文科第 2 級成績。	(1) 就此職位的聘任而言，中四期終試、中五或以上任何一次考試的中國語文科 / 英國語文科及格或以上的成績，在行政上會分別獲接納為符合中四程度的中文 / 英文語文能力要求。中四以上的考試成績，包括在香港中學文憑考試或香港中學會考中國語文科 / 英國語文科取得 2 級或以上的成績、國際普通中學教育文憑 (IGCSE) / 英國普通中學教育文憑 (GCSE) / 普通教育文憑 (普通程度)(GCE O Level) 中國語文科 / 英國語文科取得 D 級或以上的成績，以及毅進計劃全科畢業證書 / 毅進文憑 / 基礎文憑 / 基礎課程文憑，亦會獲接納。

接左表

(4) 申請人須提交附有完整資料及證明文件（如適用）的申請。通過初步資格審核的申請人會獲邀參加中文及英文文書處理速度測驗及一般商業電腦軟件（包括 Microsoft Office Word 2016 及 Excel 2016) 應用知識測驗（簡稱「技能測驗」）。 (5) 政府會測試所有應徵公務員職位人士的《基本法》及《香港國安法》知識。在《基本法及香港國安法》測試取得及格成績是所有公務員職位的入職條件。申請人必須在《基本法及香港國安法》測試中取得及格成績方會獲考慮聘用。如申請人在申請公務員職位時仍未曾參加相關的《基本法及香港國安法》測試或未曾在相關的《基本法及香港國安法》測試考獲及格成績，仍可作出申請。他們會被安排在招聘過程中參加相關《基本法及香港國安法》測試。	(2) 申請人如持有較註 (1) 所述者更高的考試成績 / 學歷，例如綜合招聘考試中文 / 英文運用試卷成績、國際英語水平測試制度 (IELTS) 學術模式考試成績或非本地學歷，在經個別審核被評為符合相關語文能力要求後，亦會獲得考慮。 (3) 為加快審核申請人的語文能力，申請人須在申請表格提供本地 / 非本地公開考試的中國語文科及英國語文科成績，以及中四或以上校內考試（視乎何者適用而定）的中國語文科及英國語文科成績。 (4) 申請人須提交附有完整資料及證明文件（如適用）的申請。通過初步資格審核的申請人會獲邀參加中文及英文文書處理速度測驗及一般商業電腦軟件（包括 Microsoft Office Word 2016 及 Excel 2016) 應用知識測驗（簡稱「技能測驗」）。

		(5) 政府會測試所有應徵公務員職位人士的《基本法》及《香港國安法》知識。在《基本法及香港國安法》測試取得及格成績是所有公務員職位的入職條件。申請人必須在《基本法及香港國安法》測試中取得及格成績方會獲考慮聘用。如申請人在申請公務員職位時仍未曾參加《基本法及香港國安法》測試或未曾在《基本法及香港國安法》測試考獲及格成績,仍可作出申請。他們會被安排在招聘過程中參加相關《基本法及香港國安法》測試。
職責	助理文書主任主要執行與下列一個或多個職能範圍有關的一般文書職責,其中可能涉及多類範疇的職務: (a) 一般辦公室支援服務(general office support); (b) 人事(personnel); (c) 財務及會計(finance and accounts); (d) 顧客服務(customer service); (e) 發牌及註冊(licensing and registration);	文書助理主要執行與下列一項或多項職能範圍有關的一般文書職責,其中可能涉及單一或多個範疇的職務: (a) 一般辦公室支援服務(general office support); (b) 人事(personnel); (c) 財務及會計(finance and accounts); (d) 顧客服務(customer service); (e) 發牌及註冊(licensing and registration);

(f) 為政府律師提供支援，並為法官和法庭使用者提供法庭支援及登記處服務 (support to Government Counsel, and court support and registry services to judges and court users)； (g) 統計職務 (statistical duties)； (h) 資訊科技支援服務 (information technology support)；以及 (i) 其他部門支援服務 (other departmental support) 助理文書主任會被調派到本港任何一個地區的政府辦事處工作，須使用資訊科技應用軟件執行職務，並可能須不定時或輪班工作和在工作時穿着制服。	(f) 統計職務 (statistical duties)； (g) 資訊科技支援服務 (information technology support)；以及 (h) 其他部門支援服務 (other departmental support) 文書助理會被派往本港各區的政府辦事處工作，在執行職務時須應用資訊科技；以及可能須不定時或輪班工作，並穿着制服當值。

1.2 究竟 ACO 與 CA 有何分別？

看過以上一大堆官方招聘文字，對於沒有政府工作經驗的讀者而言，恐怕是完全摸不着頭腦吧？

放心，這是正常情況，考生不用懷疑自己的閱讀理解能力。如果筆者不是有多年政府工作經驗，或許都未必能夠完全理解這幾頁內容看似相差無幾的文字和一大堆冗長註釋。

以下，就讓筆者用正常人的語言，再加上投身政府工作以來對 ACO / CA 職能的實際認知，教大家如何分辨這兩個職位的不同之處。

a. 入職要求

ACO 及 CA 的入職要求均不需要考生有任何工作經驗，撇取兩者都要求在技能測驗中達到一定的文書處理要求，以及於《基本法及香港國安法》測試中取得及格，**ACO 及 CA 的入職條件其實只有學歷上的分別 ——**

> **ACO：**要求考生在中學文憑考試五科取得第 2 級或同等成績（包括中國語文、英國語文及數學，或具同等學歷）；
>
> **CA：**只要求考生完成中四學業，其中修讀科目應包括數學（或具備同等學歷），學歷要求相對較低。

　　當然，就香港的情況而論，近年很多已完成中四學業的學生通常也會繼續讀到中六，或者自修完成中學文憑考試。因此，這裏的考生要求主要是針對在中學文憑考試或其他公開考試成績未如理想的考生。

　　假如未能於中學文憑考試獲得五科第 2 級或同等成績（包括中國語文、英國語文及數學）的考生，就只能應徵 CA 了。

b. 薪酬

　　ACO 及 CA 的入職起薪點相差無幾（以 2024 年 7 月 1 日起的財政年度計），CA 的薪酬上下限為總薪級表第 1 點（每月港幣 15,180 元）至總薪級表第 10 點（每月港幣 26,590 元），而 ACO 則是總薪級表第 3 點（每月港幣 17,200 元）至總薪級表第 15 點（每月港幣 35,080 元）。

　　按上述資料計，兩個職位的起薪點只相差約 2,020 元。入職後如無意外，每年都會跳薪點，直到頂薪為止。兩個同日入職的 ACO 和 CA，在 12 年後同樣去到頂薪點，兩者的月薪就會相差約 8,490 元了。假設 ACO 不升職，這個分別就會維持不變。但 ACO 還有晉升的機會，如果幸運升職，之後的分別就會愈來愈大。

c. 晉升階梯

　　ACO 可晉升的階梯有兩級，分別是高一級的文書主任（Clerical Officer，簡稱 CO），以及更高一階的高級文書主任（Senior Clerical Officer，簡稱 SCO）。

ACO 的晉升階梯*

助理文書主任 (ACO)		文書主任 (CO)		高級文書主任 (SCO)
總薪級表第 3 點（每月港幣 17,200 元）至總薪級表第 15 點（每月港幣 35,080 元）	→	總薪級表第 16 點（每月港幣 36,850 元）至總薪級表第 21 點（每月港幣 47,010 元）	→	總薪級表第 22 點（每月港幣 49,230 元）至總薪級表第 27 點（每月港幣 61,865 元）

* ACO 的晉升階級及相應薪酬以由 2024 年 7 月 1 日起的財政年度計。

至於 CA 則沒有晉升階梯，只有每年加薪但缺乏升職機會，薪酬最高可達總薪級表第 10 點（以 2024 年 7 月 1 日起的財政年度計，為每月港幣 26,590 元）。因此，很多已達頂薪點的資深 CA 可謂「官到無求」，加上通曉政府內遊戲規則，往往成為整個辦公室的「老薑」（薑愈老愈辣）。

然而，坊間有些求職書籍，不知為何，竟然亂寫 CA 可以「晉升」為 ACO，這絕非事實。此種錯誤資訊對於一心只求穩定工作的人影響不大，就只怕破壞了有志之士的職涯規劃。

話說回來，考生可能會認識或聽說過有 CA 轉職為 ACO，但留意是「轉職」而非「升職」，具體是透過 GGO 舉辦的「在職轉任計劃」進行，而該計劃是設有不少條件要求的 ——

I. 已在 CA 職系服務至少六年，而在剛過去六年評核周期內取得至少五個「良」級的全年評核報告，並且沒有「可」/「差」/「劣」的評核報告；及

II. 能以中英文溝通，以能夠有效地執行 ACO 的職務為標準；或

III. 已經在 CA 職系服務至少三年，而在剛過去三年評核周期內取得至少兩個「良」級的全年評核報告，並且沒有「可」/「差」/「劣」的評核報告。有關人員亦須：

    i. 在香港中學文憑考試三科（其中一科為數學科）考獲第 2 級或同等或以上成績，或具同等學歷，或

    ii. 在香港中學會考三科（其中一科為數學科）考獲第 2 級 / E 級或以上成績，或具同等學歷；及

    iii. 符合語文能力要求，即在香港中學文憑考試或香港中學會考中國語文科和英國語文科考獲第 2 級或以上成績，或具同等學歷；

IV. 中文文書處理速度達每分鐘 20 字及英文文書處理速度達每分鐘 30 字，並具備一般商業電腦軟件應用知識。

符合以上條件的 CA 才可透過在職轉任計劃申請轉任 ACO，但 ACO 應有的技能測試、遴選面試卻一個都不會缺，選核方式跟公開招聘 ACO 並沒有分別，這又怎談得上是晉升呢？根本就是從頭再考一次 ACO 而已。加上這個在職轉任計劃是不定期舉辦的，換言之，在職 CA 相比街外人，只是多了一個不知何時會來的報考機會。

此外，在職轉任計劃還有另一個機會，是給予服務政府至少 20 年的在職 CA，在獲得部門首長的提名後，毋須參加技能測驗和遴選面試，就可直接轉職為 ACO。要獲得這個彌足珍貴的轉職機會，這位在政府工作了 20 年或以上的 CA，除了要獲得部門首長的提名外，還要符合以下一系列要求 ——

I. 在剛過去六年評核周期內取得至少五個「良」級的全年評核報告，並且沒有「可」/「差」/「劣」的評核報告；

II. 在剛過去六年服務期內，沒有紀律懲處記錄；

III. 能以中英文溝通，以能夠有效地執行 ACO 的職務為標準；

IV. 獲部門首長確認有能力（包括語文能力）勝任 ACO 職級的職責；

V. 獲部門首長確認如該人員獲聘為助理文書主任，將會留任現職局／部門，直至下次晉升或轉任其他職系為止。

沒錯，撇開客觀的學歷、技能要求，CA 最起碼要有長達 20 年的政府工作經驗，另加部門首長的提名，才可直接轉任 ACO！

先不論以 ACO 為目標的考生如何捱得過當 CA 的 20 年，政府所有決策局／部門總計不超過 100 個，每個決策局／部門只有一個部門首長，而全政府超過九千名 CA 中，有 20 年資歷的不知有多少人，他們要如何爭取部門首長青睞，再讓對方在百忙之中為自己提名，難度之高並非一個值得討論的方案。

基於上述種種，筆者絕不認為面向 CA 的在職轉任計劃是一個晉升為 ACO 的機會。

要勤奮工作博取表現，或有家累想升職的考生，還是專注以 ACO 為目標吧。至於只求有份工作消磨一下時間，投考政府工是為了可準時下班的朋友，則大可以把 CA 設為短期目標。

d. 職責

ACO 及 CA 的職責驟眼看來幾乎一模一樣，最明顯的分別是，**ACO 的職能範圍有包括政府律師提供支援，並為法官和法庭使用者提供法庭支援及登記處服務，而 CA 則沒有。**主要是因為服務的對象及工作要求較高。

敝除上述跟司法部門有關的工作，ACO 與 CA 主要都是執行跟職能範圍有關的一般文書職責，其中可能涉及單一或多個範疇的職務。而事實上，這兩個職位在政府內部的工作亦十分相似，實際工作內容未必能分得十分清晰。在一些部門中，ACO 與 CA 的職責甚至是一模一樣，只視乎部門如何安排。

ACO / CA 的工作職責，會在下一個章節〈1.3 ACO / CA 的職責〉再作詳述。

e. 編制

ACO 屬於文書主任職系，一如前文晉升階梯那部分所言，ACO 還有機會升職成為 CO 及 SCO。截至 2024 年 6 月 30 日，ACO、CO 及 SCO 三個職級的編制合計有超過 1.5 萬人；而 CA 則只有一個職級（文書助理職系），編制有 9,658 人。

文書主任職系的總人數，相比文書助理職系大約多出 50%。

有讀者可能會問，兩個職系的人數與其工作有甚麼關係？這是因為在政府內部，通常每個職系都會有自己職系的代表組織，為所屬職系同僚爭取資源或舉辦不同的活動。當然，現世代的考生跟很多以前投考公務員的人不同，前者只求一份安穩工作，不要逼他們加入甚麼組織，也不求「上位」。筆者亦不是要求考生去參與那些組織，而是想大家明白「人多好辦事」，因為就政府內部而言，若人數夠多，就是一個實實在在可用來向政府管理層爭取資源的理據。

簡言之，編制愈大，代表議價能力愈高，能爭取到的資源亦愈多。

f. 管理下屬

　　ACO／CA 都有管理下屬的機會。順利通過考核入職後，ACO／CA 都有機會被調派到不同決策局或部門，依據工作內容和性質而管理不同職系的下屬，包括但不限於工人（Workman，簡稱 WM）與常務助理（General Assistant，簡稱 GA）等。**鑑於 ACO 的職級比 CA 高，所以有些 ACO 亦會擔任 CA 的上司。**

　　前面提過，ACO 的晉升階梯有兩級，ACO 要升職為 CO，除了需要一定年資，以及在不同的崗位擔任過不同的職責內容且表現理想之外，還要有管理下屬的經驗。從 GGO 的角度看，一個有晉升潛質的 ACO 應該善於管理下屬，能夠經常激勵下屬盡展所長。至於 CA，因為並無晉升階梯，所以即使 ACO／CA 的工作性質可能相差無幾，很多部門在人手安排上，往往都會讓 ACO 擔當需要管理下屬的位置。

　　ACO／CA 在工作時要管理的下屬，多數都是最前線職員，亦因為不同類型的下屬會導致各種不同的人事糾紛，ACO／CA 在這個時候就要充當調停、大事化小的角色；一旦 ACO／CA 解決不了這些紛爭，就會醞釀惡化至需要主任級別的上司調停。因此，上司對 ACO／CA 處理人事關係及御下的能力會抱有很大期望。這亦解釋了為甚麼在本書後段的面試技巧內容中，處境題的重要性特別高。

　　透過本章節的講解，希望可以幫助大家更進一步了解自己報考的 ACO／CA 兩個職系的分別，以及認真考慮之後投放的備試時間。

1.3 ACO 與 CA 的職責

　　在章節〈1.1 甚麼是 ACO / CA？〉引用的 ACO/CA 招聘表中，列出了 ACO / CA 的一連串職責，看似很多很廣，但心水清的考生應該會思考：以這個薪酬水平和入職條件，一般辦公室支援服務都算了，應該不可能要求一個 ACO / CA 又做人事，又做財務，又要負責服務顧客、發放牌照等工作那麼嚴苛吧？

　　答案是不會的，ACO / CA 的文書工作內容，很視乎被調派到哪一個決策局或部門下的哪一個分部（當然，部門管理層的風格亦是另一個十分關鍵的因素，這部分就留待考生入職後慢慢體會了）。

　　以招聘表內列出的職責而言，假如一眾 ACO / CA 同樣被調派到食物環境衞生署工作，卻被分到不同的組別工作，各人的工作內容可能會 100% 完全不一樣 —— 行政科的 ACO / CA 要提供「一般辦公室支援服務」；人事及編制組的 ACO / CA 工作內容主要是「人事工作」；財務及物料供應科的 ACO / CA 主要職責為「財務及會計」；資訊科技組的 ACO / CA 就要為部門提供「資訊科技支援服務」。以上四項都是絕大部分政府部門會安排給 ACO / CA 的文書職責，而一位 ACO / CA 甚少會同時擔任不同範疇的文書職責。

　　另外，同為食物環境衞生署內工作的 ACO / CA，有機會被安排在各分區環境衞生辦事處內提供「顧客服務」；而就「發牌及註冊」而言，此部門的牌照組除了眾所周知的食肆牌照和酒牌，其他還有食物進口商 / 分銷商登記及進口簽證、私營骨灰安置所牌照等其他牌照。「顧客服務」與「發牌及註冊」這兩項是不少大型部門都會提供的功能，而 ACO / CA 就要負責其中的文書職責。

至於「為政府律師提供支援，並為法官和法庭使用者提供法庭支援及登記處服務」，前文提過，這是 CA 沒有的工作內容，另再加上「統計職務」，這兩個範疇主要是在少數某些部門中才會出現，ACO / CA 考生不用太擔心服務對象太高級或職務內容太專業，因為只有為數很少的 ACO / CA 需要為這兩個範疇的部門提供文書服務，而「統計職務」往往亦只是使用 Microsoft Excel 提供簡單的協助，如整理、合併數據等而已。

更值得考生留意的是「其他部門支援服務」，視乎個別部門的職能而會有較大變化，獨特性比較高，而且是不會在其他部門見到的。而 ACO / CA 在這些特別「部門支援服務」工作幾年累積下來的文書職責經驗，往往是無法傳承及用到別的部門文書職位。繼續以食物環境衛生署為例，相對比較獨特的「部門支援服務」包括：潔淨及防治蟲鼠、食物監測及投訴、私營骨灰安置所事務、廢物收集設施等。

工作崗位非長期固定

如果是一般的商業私人公司，職位申請者在應徵時大概已經會知道自己的工作內容範圍，對工作時間、地點、工作量、壓力大小等都有概略的預期；但 ACO / CA 就截然不同了，入職後就像大抽獎，被派到不同的部門可能被要求不定時或輪班工作，又可能要到偏遠的邊境、機場、長洲、上水的辦公室，工作量可以很低，也可以是多得超乎正常人所能夠承受。而每做夠幾年再調往新部門，性質上就有如再一次參加大抽獎，換一份新工作。

先旨聲明，順利通過考核當上 ACO / CA 後，考生必須做好心理準備，有機會被派往毫不討好的工作崗位。當然，如果真的受不

了，屆時可以選擇辭職。但考生在 ACO / CA 的面試過程中，就要盡量收起臉上的不喜歡或討厭神色，對於考官提出未來可能會被不定時調派工作，考生宜明確表達出期待的心情；反之，若考官說可能將來會把你留在同一個位置，以便深化累積工作經驗，作為考生當然也應表達理解和認同。

針對如何應對 ACO / CA 工作職責有關的面試問題，筆者會在稍後的篇章作出更詳細講解。

Chapter 02

ACO / CA 考試流程

　　第一章清楚闡明了 ACO 與 CA 在入職條件、職責、晉升階梯和薪資等方面有何分別，相信大家都已確認自己要投考哪一個職位。不計新推出的且必須取得及格的《基本法及香港國安法》測試，ACO / CA 入職考核共有兩個關卡，分別是技能測驗及遴選面試，本章會詳述整個流程。

2.1 職位申請及考核程序

現時 ACO / CA 的招聘已改為全年接受申請，截至 2024 年 2 月 29 日，在全年招聘的情況下，由接獲 ACO 及 CA 職位申請至發出聘書的平均處理時間分別約為五個月及四個月，較之前每兩年進行一次公開招聘的平均處理時間縮短約四五個月。因此就算這一次未能考上也不要緊，大可以加強裝備自己，再接再礪，在暫緩申請期後再次報考 ACO/CA 職位。

而截至 2024 年 2 月 29 日，ACO 及 CA 職位的空缺數目分別為約 820 及 1,740 個，申請人數則為 9,148 位及 6,417 位。換言之，考生也要打低幾千個對手才能獲聘。以下讓大家先初步了解一下 ACO / CA 整個招聘流程：

ACO / CA 招聘流程

1. 政府全年招聘，考生經由公務員事務局網頁的
網上申請系統遞交申請書

↓

2. 已應徵的考生接到參加技能測試及
《基本法及香港國安法》測試的通知書

↓

3. 大約一個月（按工作天計）後接受技能測試，如未獲邀進行測試可視作落選。未能在技能測驗或《基本法及香港國安法》測試取得及格成績的考生，在測驗日期起計三個月的暫緩申請期過後才可再次提交申請

↓

4. 約一兩個月（工作天計）後，技能測試及格者將收到遴選面試通知書，如未獲邀進行面試可視作已落選（未能通過遴選面試的考生在面試日期起計 12 個月的暫緩申請期後，才可再次提交申請）

↓

5. 約一個月（工作天計）後接受遴選面試（在遴選面試後撤回申請或不接受聘任的考生，在撤回申請或不接受聘任日起計 12 個月的暫緩申請期過後，才可再次提交申請）

↓

6. 約一兩個月後，通過遴選面試者將會收到聘請通知書

↓

7. 約一個月後正式上班

↓

未有收到獲聘通知書的考生，將收到拒絕（Reject）通知書，就要等半年暫緩申請期後才可再次報考。有別於其他公務員職位的聘請流程，由於 ACO 及 CA 職位開放全年招聘，所以不設候補名單（Waiting list）。

2.2 技能測試要點

技能測試可分為中、英文文書處理（即打字）速度測驗，以及商業電腦軟件（包括 Microsoft Office Word 2016 及 Excel 2016，留意測試中採用的是 2016 年版本，建議考生盡量找這一較舊版本的程式來預早練習）應用知識測驗兩部分。完成每一項測試後，考生都要把文件列印出來並簽名作實。在整個技能測試過程中，基本上考生只須完全聽從考官指示即可。

a. 中、英文打字

考生須在規定的五分鐘時間內，按指示把考卷上的文字輸入電腦。另外，考卷上的文字會標示是項測驗的及格字數，考生只要打到及格的字數，即可覆核已輸入的文字內容和格式是否無誤。打完整篇考題不會有額外加分。

特別提醒一點，中文打字只能使用官方預設的輸入法，據悉九方尚未包括在內，考前唯一要做的是多加練習中、英文打字，以提升輸入的速度和準繩度。

b. 商業電腦軟件應用知識測驗

考生須同時接受 Microsoft Word 和 Excel 的測驗，整個測驗項目為 30 分鐘，考生可以自行分配應付 Word 和 Excel 試題的時間，一般是各投放 15 分鐘（包含覆卷）時間。測驗內容要求會提供考題及參考成品，考生需要按照考題的參考成品修改 Word 和 Excel 檔案，務求考生成品與參考成品樣式相同。

Word 考卷涉及範圍

文字處理技巧：輸入或插入文字、日期及時間、符號、圖文框及註腳

文字及段落格式：字型、字體、對齊、縮排、行距及分欄

文件格式：項目符號、頁首及頁尾

表格使用：建立表格、更改表格內容及格式

版面配置及列印設定：頁面邊界設定及列印選項

圖片 / 文字製作及設定：文字藝術師、插入圖片、物件及美工圖案

Excel 考卷涉及範圍

Excel 的基本編輯技巧：輸入、修改、搬移、複製數值及文字資料

文字格式：字型、字體及對齊方式

工作表的格式：欄列設定、儲存格數字格式、對齊方式、框線及圖樣

公式及函數運用：輸入公式及函數、複製公式及參照地址

版面及列印設定：頁首、頁尾、邊界設定及列印選項

圖表製作及設定：圖表類型、資料來源、圖表選項、資料標籤及座標軸格式設定

2.3 面試流程及注意事項

　　若成功通過技能測試並取得及格成績，考生便會進入下一關的 ACO / CA 遴選面試。面試將以廣東話和英語進行，每位考生需要個別接受面試。一般而言，遴選委員會一共有三位成員（亦即是筆者所稱的「考官」），即考生要以一對三的口頭問答形式接受面試。整個面試過程歷時約 20 至 25 分鐘。

　　由於這是應徵 ACO / CA 流程中的最後一關了，也是唯一一次可直接向考官表現自己、爭取分數的機會，所以考生必須好好把握！遴選面試包括以下內容，筆者亦會於稍後的篇章內詳列常見題目及答題分析。

遴選面試形式及內容

面試形式：一位考生以口頭問答形式接受三位考官的面試

長度：約 20 至 25 分鐘

語言：廣東話（約佔 80%）和英語（約佔 20%）

面試內容：

➢ 個人題（廣東話）

考生作自我介紹，包括個人背景、過往工作經驗及學歷等

➢ 處境題（廣東話）

對 ACO / CA 職能及工作的認知和處景問題

➢ 時事題（廣東話）

政府政策及時事問題

➢ 英文題（英語）

誦讀一篇英文文章，並就文章內容回答考官的提問

除了英文題之外，其他面試題主要以廣東話進行。由於整個面試大約只有 20 至 25 分鐘，考生很容易就能估算出，回答以上各道題目的時間平均只有四至五分鐘左右，時間十分有限，因此考生切記要好好把握這個機會，盡力在短時間內爭取考官青睞。

為了突破面試這一關，考生需要採用逆向思維，先了解考官想要哪種類型的申請者去擔任 ACO / CA 的工作。

a. 第一印象

考官在面試前，會獲發當天出席面試之考生的職位申請表。理論上，考官其實是透過申請表上的內容第一次接觸考生。

然而，一整天的面試時間，考官被安排要接見的考生可能多達 20 人或以上，在長達數月的招聘期內，每天都要閱讀格式和內容相若的申請表，考官難免有審核疲勞。除非考生是畢業於劍橋、牛津等超級名校，又或者有名人背景，否則對於有經驗的考官來說，考生自以為獨一無二的履歷表只是平平無奇，甚至大概是一堆無甚特別意義的文字，只是當天的 20 人之一而已。要單靠申請表在考官心中建立良好的第一印象，很困難，幾乎不可能。

而且，以上所說的還要是一些尚肯投放時間、有責任感的考官，才會在面試前做好充足預備，細看考生的資料。

真實的情況是，在整整數個月至半年的面試週期內，考官們的面試時間是朝九晚六。當一天面試完結，所有考生離開後，遴選委員會的考官還要留下來，繼續討論當天各位考生的表現並進行評分，再檢討大家的面試方向、難度高低等等，跟着返回辦公室處理

文件上的相關工作。試問，考官當晚還會不會有時間、精力閱讀翌日出席面試的考生資料嗎？

此外，鑑於 2019 冠狀病毒病的疫情發展，有不少考生在面試前一兩天或面試當日，因為染疫或成為密切接觸者而要改期，導致面試流程大幅更改。就算早一天熟讀了考生資料，若對方第二天因為突發原因而改期，或考生遲到，都等於令考官白讀了考生資料。

因此，按常理推斷，大部分考官只會在面試當天，待上一個考生離場後，才有機會快速閱讀下一位考生的申請表。換言之，考生進入面試場地的一刻，才是考官對考生的第一印象。

網上有很多文章聲稱，第一印象是在相遇後的三秒鐘內就確定下來。筆者不知道這個三秒鐘的說法是否屬實，但在 ACO / CA 面試場上，考生的第一印象應該是儀容和開門入房坐下後的第一句說話。

b. 人靠衣裝

剛剛提到儀容，在面試中，考生除了不能腦袋空空，打扮亦不可隨便。考生萬萬不要覺得 ACO 入職要求不高，而 CA 更只是要求中四學歷，ACO / CA 的工作內容亦不算是專業工作，就貿然行事，衣着打扮如一個辦公室助理或「街坊 look」般地去面試。

考生要明白，「人靠衣裝，佛靠金裝」的道理，這同樣適用在 ACO / CA 的面試上。

儘管大家平日經過政府大樓或到其他政府部門機構，會見到一

些公務員可能穿着得很隨便，有些上班時會穿短褲、波衫，但這不代表你面試時可以衣衫襤褸、披頭散髮。考生不會在考官的評分紙上見到外表一欄佔分，但現實世界裏，印象分的而且確影響面試中考官評分的鬆緊程度。

近年應徵 ACO / CA 的考生愈來愈年輕，學歷愈來愈高，衣着包裝亦愈來愈好。考官在有充足人材可供選擇的情況下，當然會挑選那些外表觀感較理想的考生。況且，有些 ACO / CA 職位需要面向公眾提供服務，因此外觀形象絕對是考官對於考生印象分的一大重點！

筆者真心誠意提醒考生，在面試期間（特別是 CA 職位）雖然未必需要穿上全套西裝，但斯文打扮、大方得體，以及把髮型梳理整齊都是基本條件。

另外，值得一提的是，畢竟在政府機構工作的公務員們，絕大部分在思維上都是比較傳統的，因此考生應該避免在面試時把頭髮染成五顏六色，更直白一點說是盡量不要染髮，儘管髮色未必是面試及格與否的決定性因素，但面試分數介乎及格邊緣的考生，小心隨時就因為髮色印象不佳而被篩掉。

本章講解了 ACO / CA 的技能測試、面試流程，以及一些考生要留意的小事項後，下一章就正式傳授面試技巧了。

Chapter 03

個人題

個人題是 ACO / CA 面試內容的必備部分，也是考官對考生之第一印象的延續。在這部分的對答中，考官希望透過提出一些涉及考生個人背景、學歷、工作經驗等不同方面的問題，盡快了解考生的性格、能力，以及是否適合就任 ACO / CA。

3.1 考生自我介紹

一般來說，ACO / CA 面試都會以個人題的對答為開端，問題主要是圍繞考生的自我介紹、性格特質、相關工作經驗（如有），以及對 ACO / CA 工作的期望等，以下會列出個別常見的個人題目及建議作答方向，並由筆者以考官的角度分析題目，讓考生可以馬上了解考官提問背後有何要求。

任何工作的面試，自我介紹都是必然會有的部分，在此建議考生，宜在面試前翻閱自己當日申請時遞交的內容（畢竟由遞交申請、完成技能測試，再到面試當日，可能已經相隔幾個月，甚至長過半年的時間），正常情況下，考生會忘記自己在申請表上填寫了甚麼內容及經驗。

另一邊廂，考官在面試時手執你的申請表格，並據此查問感興趣的內容。為了避免在面試中回答了一些你在申請表上沒有填寫的內容，引致考官質疑你在申請職位時的誠意，考生在面試前要記得重溫一下自己所遞交的申請表內容。

a. 建議方向

➢ 簡單介紹學歷和工作經驗即可，不宜冗長，建議一分鐘左右即可；

➢ 如有跟行政相關的學歷 / 實習 / 工作經驗，請仔細說明，讓考官知道你擁有類近 ACO / CA 工作範疇的辦公經驗；

➢ 假如考生沒有相關銜頭，也可嘗試把自己的經驗與 ACO / CA 的工作掛鈎；

➢ ACO 的工作範圍甚廣（請參閱本章節的 ACO 職責）——基本上各個行業也有機會接觸，所以要拉上關係並不困難。

以下例子供一些自以為沒有 ACO / CA 相關經驗的考生作參考：

假設你是現職銷售人員，日常便要處理各種麻煩客戶的要求，這已算是 ACO / CA 職責中「顧客服務」的一種。

b. 題目分析

➢ 考生預備的自我介紹宜短小精悍，不宜冗長。前文有提過，每種題目內容只會佔面試的四至五分鐘左右。假如考生的自我介紹長達兩分鐘，已經佔了這部分的一半時間，考官就沒有時間追問了。

在預備自我介紹時，考生先要了解面試時「自我介紹」這個部分潛藏着甚麼目的，其實這是要讓考官知道自己如何適合出任 ACO / CA 職位，並展示個人能力能夠怎樣為政府、為部門作出貢獻，而非單純如日常認識新朋友般的自我介紹，考官根本不關心你平日的興趣是做運動還是聽音樂。

此外，為了把握有限的時間，考生可避免再次複述自己早已寫在履歷表 / 職位申請表上的內容，畢竟這些都是考官

可輕易看到或已經知道的東西，並不需要你重複講述。反之，考生可以分享一些足夠具體的內容、故事，加深考官對你的印象。

➤ 有不少考生在介紹個人學歷時，除了背誦公開試成績，更會強調自己表現最佳的科目，引申至自己的興趣或強項。例如會話成績較好的考生，可以順便介紹自己喜愛與他人交流溝通，以及未來希望選擇做客戶服務工作的原因。

又或者，假如你是擁有一定工作經驗的考生，不妨分享一下在工作期間遇到的趣事，而非只一味講解現職公司及年資。一個好的故事往往更容易引人入勝和讓對方留下深刻印象，讓考官記得自己，就足以勝過其他考生一籌了。

➤ 考生在面試中的人物設定很重要，在 20 至 25 分鐘內的表現必須要保持一致。從考生的自我介紹、經驗分享，還有說話的內容、語速、姿態表現等，有經驗的考官大概已經可以猜度出考生的人物性格及特質。因此，考生在進行自我介紹時，要想辦法突出自己的優點及可取的地方，但切忌無中生有。

例如一個在學校循規蹈矩的畢業生，沒有參與任何課外活動，在畢業後或校外又不曾參加過甚麼社團、組織，卻硬生生要在自我介紹中說自己性格外向，喜歡接受挑戰，這是不合情理的。在考官追問之下，考生又無法分享相應具挑戰性的個人經歷，馬上自打嘴巴，令考生的回答內容可信度大減。

在面試過程中，考生回答問題時務必須選擇最符合自己性格的答法，避免違背自己的良心，打腫臉充胖子，回答跟自己個性相反的答案，以防令考官對你的說話生疑。

➢ 一般情況下，考官亦會就考生的個人介紹提出追問，例如學歷、工作背景。

如果考生是剛讀完書的畢業生，又或者沒有太多個人經歷可供考官追問，可以事先預備一些最典型的答案，譬如自己的優點和缺點。每個人的特質都是一體兩面的，一個優點同時也可以是一個缺點，重要的是考生要知道自己有甚麼特質，並且如何有效應用自己的專長。

3.2 質疑是否騎牛搵馬

假設考生本身有大學學歷，考官有機會詢問考生是否了解 ACO / CA 的晉升前景或薪資，並追問考生有沒有報考其他要求大學學歷的公務員職位 ——

有沒有報考其他大學學歷要求的公務員職位？ 如有，一旦獲其他需大學學歷要求的公務員職位錄取，是否會放棄 ACO 的職位？

a. 建議方向

➢ 只有兩個回答方向：投誠 vs. 直話直說

➢ 投誠

◆ 考生可以在言語技巧上作出修飾，例如「當時」沒有報考其他職位，或沒有「期待」其他職位的錄取通知，表明在應徵公務員職位中，你的目標只有 ACO / CA。

◆ 考生可以在此題上補充個人性格，認為自己適合擔任 ACO / CA，或 ACO / CA 的工作模式讓自己很嚮往，以說服考官自己是真心誠意想成為 ACO / CA。

◆ 考生亦可以直接表明對 JRE（聯合招聘考試）相關職位或其他有大學學位要求的職位沒有興趣，把回答重點連繫到個人因素，例如進修計劃、家庭計劃等將導致自己在未來幾年內都無計劃要考大學學位要求的職位，若正

在計劃／報讀某個專科的碩士，期望在幾年後再試應徵要求該科學位的職位（建議提出的年期起碼要是三年之後），藉此突顯考生有積極地規劃自己的人生與職涯。

> 直話直說

◆ 考生可直接坦承自己志不在 ACO／CA，如實表達自己的職涯目標（可以是 EO 或其他跟考生背景相關的職系），但只限於特定某一個或兩個職位，以免令考官認為考生沒有妥善地規劃未來。

◆ 考生選擇直說之餘，亦必須同時表明自己報考 ACO／CA 作為職涯中轉站的原因，以及如何善用出任 ACO／CA 的日子去幫助自己考到下一個職位。例如 ACO／CA 的工作有助自己深入了解政府內部工作模式，或可以在 ACO／CA 的工作時間了解其他同事日常面對的困難，以便將來考到 EO 時更清晰掌握如何管理下屬。

b. 題目分析

> 無論考生在面試中表明是否會因為其他公務員職位的錄取而放棄 ACO 職位，其實都沒有對錯之分，言之成理即可。惟考生要注意，絕對不可以讓考官覺得你在騎牛搵馬。

有些比較直率的考官可能會追問，考生既然擁有大學學歷，為甚麼要應徵 ACO／CA 職位，又或者為甚麼不去申請 EO 等 JRE-related 職位。建議考生要預早準備答案。

➤ 近年來的確多了 ACO 成功轉職考到 EO，但比例上仍然算是少數，考生如果想直接回答自己是正在投考需要更高學歷要求的職位，就要小心管理考官對自己的期望，真誠地訴說希望 ACO / CA 可以為自己帶來甚麼進步。始終考官辛苦地進行面試，不會想聘請回來的考生上班幾個月就離職。

➤ 舉例之餘亦要貼近現實，考生最忌於面試時提到自己同時報考 AO 這種具挑戰性及入職難度高的公務員職位，令考官覺得考生不自量力，或根本不了解自己在應徵的 ACO / CA 職位要求是甚麼。畢竟在 ACO / CA 試場為你評分的考官，在辦公室面對的「頂頭上司」往往就是 AO。若考生的想法表現得太離地和不通世務，會是一大扣分位。

3.3 為何想投身政府？

視乎考生的背景，考官有機會追問本身在私人市場工作的考生 —— **你為甚麼想加入政府工作？**

a. 建議方向

> 個人層面

◆ 薪酬穩定：俗稱的「鐵飯碗」，不用擔心經濟環境而被裁員、大幅減薪，或公司倒閉而被逼轉職。

◆ 工作內容穩定：ACO / CA 入職後會被派往各決策局和部門，除非部門有特別安排，否則很少會有職位調派。而僅就 CA 而言，除非是同事「主動舉手」求調任，否則很多 CA 可能自入職後就一個崗位做到退休，一套技能可走天涯。對於追求生活安定、不喜轉變或適應新環境的考生確是一個好選擇。

◆ 晉升途徑明確、清晰：留意這只適用於有清晰晉升階梯的 ACO。

◆ 工作具挑戰性：ACO 會定期被派往各決策局和部門擔任不同職位，透過定期（這裏的定期可能指五年或以上）的職位調派，可以接觸不同範疇的工作，吸取各種經驗，發展多方面才能和從事多樣化的工作。

> 社會層面

  ◆ 為社會服務：這是不過不失而且很典型的回應，考官經常會在面試中聽到類近答案。

  ◆ 在香港成長，想回饋社會：考生可藉此表示對本地社會的了解及投入政府工作的決心。

  ◆ 可以為社會／市民解決問題：政府是一個每天接收或處理大量問題的地方，不同部門推出的諸項政策都是為了解決社會問題而存在，不同的 ACO／CA 崗位亦有機會接觸不同階層的公眾，處理大大小小各式各樣的問題，大至處理公屋申請事宜，小至被人投訴部門網站上出現錯字。假如考生很有耐性，願意處理瑣碎雜務，樂意幫人解決問題且能從中獲得滿足感，這是一個投身政府工作的好理由。

b. 題目分析

> 要注意，就算是沒有社會工作經驗的剛畢業考生，亦應對這條題目有所預備。因為考官可能會換個問法，例如「為甚麼想投考 ACO／CA？」萬變不離其宗，都是想了解考生對這份工作有甚麼期望。

  期望天天都多，每個考生都可以基於個人原因、家庭原因、職涯規劃原因而決定投考 ACO／CA，沒有哪項原因是更正確或較高尚。考生回答這條問題時只須留意自己的人物角色、性格是否一致，如果是好動、常轉工的考生，就

不要在回答此題時表示追求工作內容穩定。

➤ 對於這條問題，筆者沒有推薦的模範答案，但有考生應該避免的錯誤回應，亦是考官最討厭在新入職的或現任 ACO / CA 身上留意到的想法或工作態度 —— 千萬不要、不要、不要說出對公務員準時收工這些無謂期待及幻想。

無可否認，有一些 ACO / CA 的崗位是比較輕鬆，工作量很少，但現實中亦有某些崗位的 ACO / CA，是忙到沒時間上洗手間的。

不論政府內的崗位有多忙，總會有很多考生要申訴私人公司的加班時數更長。可以，留待入職後再分享。

➤ 沒有一個考官期望聽到考生是因為貪圖工作輕鬆而投考 ACO / CA 的。假如真的想說類似的原因，建議回應較實在且正面的例子，如考生原本的工作要經常飲酒、陪老闆應酬到深夜，而考生因為健康理由或家庭原因想脫離這種習慣。這是少數可以拿出來討論，而且具說服力的由私人市場轉職到公務員的理由。

➤ 除了工作穩定、服務社會等個人因素，ACO / CA 的考生亦可以參考在公務員事務局網站上的官方賣點：一般職系處（GGO）致力為職系人員提供合適的培訓，讓 ACO / CA 具備所需的技能、知識以及工作態度，為市民提供高質素的服務。培訓課程內容廣泛，由各類的工作技能、語文、人力資源管理以至工作文化等，藉以提高職系人員的工作表現及靈活性，以及變通和適應變革的能力。以配合現今的

服務需求，職系管方提供電腦技能培訓和設施提升 ACO / CA 的電腦技能。

個人題的問題皆沒有正確答案，考生能夠避免以上提到的一些誤點，再配合考生的個人背景、能力及性格建立自己的答案，言之成理即可。而對於擁有在私人公司工作經驗的考生，就要留意考官可能會換個問法：**「認為私人市場和政府工作有甚麼分別？」**

不要衝動、不要衝動、不要衝動！重要的事情要重複說三遍。

考生緊記現正進行入職面試，不是跟朋友聊天，所以切勿天真地把考官當成自己的朋友般暢所欲言，悉數分享自己對 ACO / CA 工作的幻想，或投訴在私人公司工作有多困難。在考官心目中，絕對不認為公務員的工作十分輕鬆。除了前文提到的工作量，在某一些崗位上，ACO / CA 之上級的嚴苛程度，相比私人公司可能有過之而無不及。

如面試時碰上此條問題，建議考生可以將回答重點放在工作穩定性及工作環境上。畢竟，在很多情況下，無論上司有多不喜歡一個 ACO / CA，都不會（或不能）把對方解僱，這就是私人公司與政府工之間的最大分別。

至於工作環境的例子，包括：政府有資源提供給新入職的 ACO / CA 進行內部培訓以提升個人能力；ACO / CA 可選擇待在同一崗位工作，以配合自己的生涯規劃如晚上進修或結婚生子；在適當時候又可以申請調任別的崗位，迎接新的工作內容藉以挑戰自己。

3.4 以往的工作經驗

針對那些在應徵 ACO / CA 職位前已有其他工作經驗的考生，考官可能會據此詢問 —— **你在過往的工作中，學到甚麼能對 ACO / CA 的工作有幫助？**

a. 建議方向

> 個人能力 / 經驗

　　◆ 文書工作
　　◆ 顧客服務工作
　　◆ 政府其他職位工作

> 軟實力

　　◆ 細心
　　◆ 分析能力
　　◆ 表達能力
　　◆ 人事處理能力

b. 題目分析

> ACO / CA 的工作功能比較單一，雖然其涉獵的職責貌似既多且廣，涵蓋辦公室支援服務、人事、顧客服務、發牌及註冊，又有統計職務、資訊科技支援服務等等，對於已有

工作經驗的考生來說，大概會認為自己曾做過的工種總會符合其中一項吧，但為甚麼這道題目的建議方向內，可引用作為答案的個人經驗只有三項這麼少？

事實上，沒有在政府工作經驗的「外人」（從未在官僚體制內工作過的考生，公務員通通視之為「外人」），根本不會明白政府的架構、官僚、制度、做法等，與私營商業世界有多麼大的鴻溝，闊到恍如兩個世界！

➤ 以人事工作為例說明，EO Classroom 成立多年來，每年都收到不少考生（不論應徵任何職系）詢問：筆試／面試已完成了很久，沒有通知是不是等於落選？或問：在幾年前的公務員招聘活動中曾收到進入 waiting list 的通知書，如今數年過去，應該已經失效了？

非也，筆試過去了大半年，考生未收到通知只是因為部門真的需要那麼長的時間去處理眾多考生的成績。完成面試後，部門可以花上一年（或更長）的時間才完成內部程序，之後才公佈招聘結果。

而 Waiting list 的有效時間真的可以長達四年（筆者已知最長的有效時間），也不排除有更長的個案？一般商業世界的四年光景，可能足夠一個人換四份工作，薪金翻了幾倍。

➤ 要花上幾年的時間處理，可能有人質疑處理招聘活動的負責人是不是把大家忘記了？其實，這源於政府內部工作的複雜程度，以及分工的仔細程度均是外人難以想像的，當中包括：收信、派信、開信、檢查申請表、核對申請表內

容（又可再細分核對身份、學歷、工作經驗）、將申請者資料打入電腦、核對資料準確性、決定篩選資格、安排技能測試、設計測試題目、預約場地、安排當日人手、通知考生、事前預演、進行測試、改試卷、排分、將分數資料打入電腦、核對資料準確性、根據分數排考生次序、決定分數的及格界線、決定取錄人選、通知被取錄申請者……還未完結！之後尚要安排入職審查、身體檢查等，更未計如果要進行筆試、面試，又要從頭重複安排測試後的程序。

上述每個程序中，均牽涉到不同的 ACO／CA 或其他職系的同事，而且 ACO／CA 在完成每一個程序前都要呈交上級過目，其中包括要預備一系列文件的時間，以及等待對方核准的時間。而每一個程序未完成，都很少會跳落下一個程序。

私人公司的招聘活動可以由一個或數個人負責處理，在政府內部卻會將整個活動簡單複雜化，複雜分工化。若是人事編制規模較大的政府部門，以上列出的程序有機會是由每一個不同的 ACO／CA 負責，所以一個專責人事工作的 ACO／CA 可能只會處理上述其中一個步驟，譬如核對表格上學歷及考生遞交的學歷證明。

➢ ACO／CA 的人事處理職責與私人公司的人事部門是兩個完全不同的概念。

鑑於以上提到的背景，即使你在考 ACO／CA 之前是擔任「看似差不多」的工作，亦建議不要以「曾有相關經驗」作答這條問題。只要一深入闡述，考官就會覺得你的經驗其

實與 ACO / CA 所要求的不盡相同。如果真的想提出以往有甚麼職場經驗可以對未來的 ACO / CA 工作有幫助，在一般私人公司中只有文書職責及顧客服務較能相提並論。

文書職責是絕大部分 ACO / CA 的主要工作，有相關經驗而又能表現出信心的，一定可以幫考生加分。而 ACO / CA 的文書職責主要涉及應用 Microsoft Word 及 Excel 的能力。當然，考生會質疑，自己已經通過了技能測試，還要在面試期間提及嗎？是的，通過技能測試只是 ACO / CA 的最基礎入職要求，如果考生基於以往工作經驗，有信心能充分掌握該兩個文書軟件的應用，大可以向考官多舉一兩個實際例子，例如以往曾為公司設定過複雜的 Excel 方程式以便處理資料。

➤ 至於顧客服務工作，不論任何行業往往都大同小異，原則是應付客人的要求和避免對方作出投訴。假如考生以往有相關經驗，絕對值得在面試時提出，或更進一步分享自己曾經如何有技巧地處理過麻煩的客戶或投訴，讓考官認同你在過往工作中已建立如何應對客戶的能力。

除了上述的文書職責及顧客服務兩項工作外，否則一律建議考生重點提及軟實力，諸如分析能力、預測能力（察覺上級眉頭眼額的能力）、表達和溝通能力，以及人事處理技巧 —— 別忘了輔以真實例子，如曾經在舊公司調停兩名下屬就輪班安排的爭議。

每個人的優點都不一樣，考生如果有特別過人的優點、性格，亦可以勇敢提出。但在此作出溫馨提醒，單純的高學歷未必是 ACO 所需要的特質。而且，筆者在政府工作期間遇過相當多擁有大學學位的 ACO，事實上，碩士畢業的 ACO 亦非想像中那麼少。

3.5 其他常見的提問

香港政府是本地最大的僱主，據公務員事務局資料顯示，截至 2024 年 3 月共聘用了超過 19 萬人，考官代表着一個這麼大型的機構，在面試時經常會問考生 —— **如果你成功入職，對政府有甚麼貢獻？**

a. 建議方向

➢ 政府內的架構、制度牢不可破，建議考生不用妄想甚麼具創意或標新立異的回答，只須表示自己有哪些性格適用於配合政府運作。

➢ 考生可以自比為一顆機器中的「螺絲」，螺絲的功能雖然單一且微細，但缺少了任何一粒就有機會影響機器運作（部分政府提供的內部培訓，都會以此「螺絲觀念」教育新入職的同事）。而考生對政府的貢獻就是穩定地提供某一些支援（在考生可同時引用自己此前已提出過的個人技能或長處）。

➢ 考生可以自行用其他比喻去應對此問題。

就考生不同的背景，考官會設置不同的問題去測試考生的反應，或了解考生在以往經驗中得到甚麼能力。針對那一些曾有在政府工作經驗的考生，不論是公務員職位或非公務員合約（Non-Civil Service Contract Staff，簡稱 NCSC）職位，考官都有可能就此作出追問，例如 —— **工作內容、職責，以及該工作跟 ACO 的相似 / 不同之處？**

如何回應此類問題，十分視乎考生本來的職位及內容，考生在面試前除了要好好溫習 ACO／CA 的工作內容，亦可把握機會回顧一下自己的工作。除了比較 ACO／CA 和以往職位的工作內容有何異同。假如考生是其他職級的公務員，考官也有機會追問 —— **為甚麼選擇離開現有的崗位，報考 ACO／CA？**

a. 建議方向

➢ 工作內容

◆ 若以往工作跟 ACO／CA 在內容上有本質分別，考生當然可以不加思索，直接回答有何分別。例如考生本身是擔任技術性或體力勞動的工種，宜提出這跟 ACO／CA 有本質上的分別。

◆ 假如考生原本都是負責文書主任相似的工作，而且是部門職系的公務員，可以嘗試提出自己對工作內容感到滿意的地方，而 ACO／CA 比部門職系的崗位更優勝在於可以與不同職系的同事（包括上司及下屬）合作，而工作內容也會因應不同的部門及範疇更多元化，令考生覺得更有挑戰性。

➢ 編制

◆ 如第一章所提及，截至 2024 年 6 月 30 日，由 ACO／CA 組成的文書職系人員編制達 2.5 萬人，比絕大部分的其他職系人員都更多。

◆ 編制愈大，資源愈多，GGO 投放的資源亦包括培訓、公會、福利等項目。

b. 題目分析

➢ 面對這條問題，考生就要留意 ACO／CA 跟自己原有職位在本質上有何分別，而非着重於考生在原有職位上的不適應或人事問題。

由於 ACO／CA 隸屬於公務員事務局，入職後會由 GGO 管理並被調派往各決策局及部門工作，負責提供多個範疇的一般支援及前線服務。換句話說，就是 ACO／CA 無法選擇自己的崗位！每個職位的工作內容可以天差地別，每位上司的要求或態度亦可分為天堂與地獄。不難想像，不少新入職的 ACO／CA 都會對自己被調派至的位置有不滿或怨言，如果小事化大，就會成為政府內部的煩惱。

因此，考官絕對不會想聘用一個會有適應困難的考生，以免埋下計時炸彈。加上應徵人數多，在有大量選擇的情況下，考官自然更不希望錄取一個在上一個職位已經明顯地出現不適應的考生。因此在回答此問題時，考生必先了解考官的想法，避免提及任何負面內容。

➢ 政府內部共有接近 100 個決策局及部門，誠然每個部門都會有人事問題，建議考生自行消化。考生亦不用把自己現時所屬部門看作是最特別或麻煩，並企圖在面試中說服考官你現處部門面對着甚麼困難或問題，畢竟考官在公務員生涯中曾待過的部門不會比考生少，若在這方面說（或抱

怨）太多，只會令他覺得眼前考生才是製造麻煩的人。

人生難題到處皆是，考官想得到的是一個面對難題或困難之際，可以正面面對和化解的 ACO／CA，而非一個只會不停抱怨的下屬。倘考生不能實在分享切身面對的問題，再提出相應解決辦法，而只是消極地訴苦，那就不如不提了。

請緊記，面試不是認識朋友，不需要跟考官交心。那些不會令考生在面試中加分的內容，就不用提出了。

3.6 測試考生對職務的了解

筆者於前文引用過 ACO / CA 招聘廣告的內容，當中有分別羅列 ACO 與 CA 的工作範圍，請讀者留意此乃必背題目，因為這基本上是大部分考官都會問到的題目 —— **ACO / CA 的職責是甚麼**？

a. 建議方向

> **不厭其煩講三次，這是必背題目、必背題目、必背題目！**
> 因此，以下這些在招聘廣告中列出的基本資料，考生無論如何都要記在心中。

◆ ACO / CA 主要執行與下列一個或多個職能範圍有關的一般文書職責，其中可能涉及多類範疇的職務：

(a) 一般辦公室支援服務（general office support）；

(b) 人事（personnel）；

(c) 財務及會計（finance and accounts）；

(d) 顧客服務（customer service）；

(e) 發牌及註冊（licensing and registration）；

(f) 為政府律師提供支援，並為法官和法庭使用者提供法庭支援及登記處服務（support to Government

Counsel, and court support and registry services to judges and court users）；

(g) 統計職務（statistical duties）；

(h) 資訊科技支援服務（information technology support）；以及

(i) 其他部門支援服務（other departmental support）

◆ ACO／CA 會被調派到本港任何一個地區的政府辦事處工作；

◆ 須使用資訊科技應用軟件執行職務；

◆ 並可能須不定時或輪班工作和在工作時穿着制服。

b. 題目分析

➢ 政府工的面試內容很簡單直接，大部分部門都參照差不多的評分標準，而各職位面試的評分標準中通常都會有一個項目，就是測試考生對工作的認識程度。

然而，在政府其他部門職系的面試中，考官可以通過詢問考生有關部門的新聞、職責、規劃等問題，以測試考生在理解職務項目中所得評分。而假如考官在 ACO／CA 的面試中提出這類型的題目，也可算是有點太嚴苛，皆因之前提過 ACO／CA 有機會被調派往政府任何一個部門工作，而政

府內有接近 100 個部門，如何要求考生有通盤認識？

➢ 事實上，考官詢問考生對 ACO / CA 工作職責的了解程度，背後其實是想測試考生對工作的興趣和準備。基本上這是一條送分題，所以考生在面試前一定要熟讀 ACO / CA 招聘廣告的職責內容。

考生在回答好已背誦的 ACO / CA 工作內容及職責後，視乎面試剩餘的時間，又或者考生的表現，考官通常都會提出追加問題，其中包括詢問考生 ——**是否介意某些惡劣的工作環境，如星期六 / 日或 24 小時輪班工作，到偏遠地區工作，或要穿着制服上班？**

a. 建議方向

➢ 無論考生對這題追問有甚麼想法，都要統一口徑回答「不介意」，這應該是常識甚至是人之常情了吧。

➢ 考生亦毋須反過來要求考官闡明何謂「惡劣的工作環境」或「偏遠指的是離島還是屯門」，反正就算考生在面試時表示介意，又或同意去屯門但拒絕赴離島工作，而最終獲得取錄，入職後公務員事務局也不會聽取閣下的意見再決定你的未來崗位，所有獲錄取的考生都要在入職後才會知道自己被調派到哪個部門。

而就算考生回答自己十分願意 24 小時輪班工作，但介意穿着制服上班，考官亦不會記錄在案。畢竟，你面前的考官又不是他日安排你被調派往哪個部門哪個崗位的人，他們聽到只會在心底默默地表示「Noted，下一題」。

> 換言之，考生對這種題目不用認真，一概回答「不介意」就好。正所謂「認真便輸了」，心底的介意，留待入職後才想方法解決吧。

考官亦有機會在之後追問考生 —— **最喜歡／不喜歡的部門，或最擅長／不擅長的職責是甚麼。**

a. 建議方向

> 此題在回答喜歡／擅長的題目上沒有正確答案，只要配搭考生的個人背景及個性，言之成理即可，沒有一個答案是必然錯誤的，**但會有令自己被扣分的解釋。**譬如筆者曾經在其他職位的面試中聽過考生回答類似問題時說，喜歡特定部門／職責的原因是有現職朋友分享其工作十分悠閒 ——

首先，喜歡悠閒不是錯，錯是錯在他在 20 分鐘的面試中連「扮吓勤力都唔肯」，考官如何期待考生未來在每日 8.8 小時的上班時間內會願意認真工作？

第二，所謂「朋友分享」，性質上屬於「非官方途徑的小道消息」，這類資訊不適宜在面試中提出。這跟朋友言論的可信度無關，考官亦有自己的人際網絡，在工作時亦會互相交流非官方小道消息，這是人之常情。可是，官場內有一套工作原則：「資訊都要透過官方渠道發放，才會在官方場合提出討論。」服務政府有別於在私人公司工作，每項政策措施的受眾太多，小道消息會容易被渲染誇大。而上述這套工作原則，就是為了減少被錯誤資訊影響判斷而產生

的工作模式（當然，自從以效率見稱的網絡媒體面世後，要維持這種工作模式漸漸變得困難，但政府人員仍在努力堅守）。因此，考生如果在面試中提出一些「因為朋友分享……」、「上網見到有網友提出……，所以我覺得……」的內容，姑勿論所引用的內容訊息正確與否，都絕對會令考官質疑你的過濾資訊能力。想當然，這位把朋友言論拿來回答問題的考生，在整個面試過程中的表現亦未如理想，最終不獲取錄。

➤ 而考生回答自己比較喜歡 / 擅長的職責時，亦應要預期考官會追問有關該部門 / 工作內容的問題，例如：**你知不知道甚麼部門會負責發牌及註冊？**又或者**有甚麼部門有公眾櫃位？**因此，考生要了解並揀選自己熟悉的答案作回應，避免一被追問就露底，令考官覺得你的預備太表面，不夠深入。

➤ 曾經有考生在這部分的面試被追問：**ACO / CA 職務中，有一項為「統計職務」，據你的理解實際是甚麼工作？**這條問題可以套用下表中任何一個職責，畢竟考生要大概了解實際工作內容，才可更有底氣地回答考官。留意，下表是筆者邀請部分現職公務員分享在各政府部門內的 ACO / CA 實際工作內容，以供考生參考了解，惟注意這只是大部分工作內容，因應被派調到的部門傳統或做法，工作內容亦會有所不同。

ACO / CA 九大文書職責

文書職責涉及範疇	實際工作內容
(a) 一般辦公室 支援服務 (general office support)	● **檔案管理** 　■ 接收文件 　■ 分辨檔案 　■ 記錄收件日期 　■ 檢查屬件 　■ 閱讀和了解文件的內容 　■ 查核案卷清單、索引或條碼系統 　■ 外來文件入案卷前的整理 　　◆ 清除紙夾、別針、橡皮圈 　　◆ 順序排列文件 　　◆ 用書釘整齊地裝訂相關文件（以斜角方向） 　　◆ 使用適當的釘書機 　　◆ 尺碼過大的檔案應摺疊為適當尺碼 　　◆ 用膠紙或加固膠貼修補損壞檔案 　■ 安排分類和歸檔 ● **發放文件** 　■ 派遞 　■ 郵遞 　■ 傳真 　■ 電郵 　■ 信差 ● **辦公室及樓宇管理** 　■ 場地管理 　　◆ 確保場地設施運作正常，例如閉路電視 　　（CCTV）、自動體外心臟去顫器（AED） 　　◆ 管理共用場地預約，如會議室、面試室 　　◆ 安排定期安全巡查及預備巡查報告 　　◆ 管理停車場位置、訪客出入安排及預約 　■ 清潔安排 　　◆ 確保定期清潔安排，包括廁所、地毯、垃 　　圾桶

	● **秘書服務** 　■ 文字處理 　■ 管理日常會議和工作日程 　■ 處理查詢 　■ 其他辦公室支援工作
(b) 人事 （personnel）	● **招聘活動** 　■ 接收申請表及相關證明文件 　■ 處理及核實收到的文件 　■ 安排筆試人手、場地及通知考生 　■ 安排面試時間、場地及聯絡考生 　■ 確認受聘者上班日期 ● **年度評核報告** 　■ 定期向部門主管發出年度評核報告的電郵 　■ 於限期後提醒未交報告的主管遞交 ● **非公務員合約員工計薪** 　■ 提醒主管遞交員工出勤紀錄 　■ 核實出勤紀錄 　■ 計算月薪及其他津貼 　■ 安排出薪及發放約滿酬金 　■ 安排續約文件 ● **處理人事相關的查詢** ● **放假安排** 　■ 計算及記錄員工所累積的假期日數 　■ 如同事請病假，需核實醫生證明文件
(c) 財務及會計 （finance and accounts）	● **採購** 　■ 採購物資／服務 　■ 擬定物質／服務要求 　■ 搜尋供應商 　■ 邀請報價 　■ 比較報價並申請上司批准 　■ 安排送貨／服務時間 　■ 核實貨件

個人題 *chapter 03*

	● **出款** 　　■ 核實單據 　　■ 確認款項 　　■ 安排出款 ● **收款** 　　■ 印發發票 　　■ 收取款項 　　■ 紀錄收款 　　■ 日結點算
(d) 顧客服務 **（customer service）**	● **櫃位服務** 　■ 勞工處 　　◆ 於就業中心提供就業服務 　　◆ 審查在勞工處刊登的空缺廣告 　　◆ 對象包括僱主及求職者 　■ 運輸署 　　◆ 於牌照事務處提供申領駕駛執照服務 　　◆ 提供現場查詢服務 　　◆ 管理現場人流 　■ 水務署 　　◆ 於客戶諮詢中心提供一般查詢服務 　　◆ 辦理用戶權轉名申請 　　◆ 派發水務資料及表格 ● **電話服務** 　■ 通常設有客戶中心的服務都會提供熱線服務 　■ 接聽部門熱線
(e) 發牌及註冊 **（licensing and registration）**	● 不同的部門管理各自的**牌照制度**，大部分 ACO 的角色是最前線的守門員，負責以下工作： 　■ 為申請者提供服務及回答電話／現場查詢 　■ 查看所需文件是否齊全 　■ 整理好所需文件後交予上司考慮批核 　■ 如要跟進，負責與申請者直接聯絡 　■ 定期更新發牌申請進度

	● 可能負責的**牌照及註冊**包括： 　　■ 屋宇署：小型工程及招牌 　　■ 民航處：航空人員執照 　　■ 公司註冊處：新公司註冊、信託及公司服務提供者牌照 　　■ 環境保護署：骨灰安置所牌照 　　■ 衛生署：私營醫療機構牌照 　　■ 路政署：掘路許可證
(f) 為政府律師提供支援，並為法官和法庭使用者提供法庭支援及登記處服務 （support to Government Counsel, and court support and registry services to judges and court users）；	只有小部分 ACO 職位要負責這項職責，包括直接在法庭上向法官提供支援、在法庭外協助文書處理，或為法庭使用者提供現場協助。
(g) 統計職務 （statistical duties）	只有小部分 ACO 職位要負責該項職責，主要是處理及合併不同部門或組別交回的數據，又或幫助一些需要大量處理數據的部門提供數據分析（主要為技術分析如數據走勢或方向，毋須分析數據背後的潛在因素）及統計支援。
(h) 資訊科技支援服務 （information technology support）	● **預約資訊科技支援服務** 　　■ 接收部門用者的查詢及預約 　　■ 安排資訊科技支援人員的支援工作日程 ● **協助處理硬件的採購**，包括鍵盤、電腦軟件程式
(i) 其他部門支援服務 （other departmental support）	視乎所屬部門，ACO／CA 提供的支援服務也會大有分別，以下僅列部分例子： ● 在職家庭及學生資助事務處：追討拖欠貸款 ● 香港警務處：因應警隊特別的工作時間安排膳食服務 ● 選舉事務處：支援選舉工作、選民登記 ● 衛生署：提供預約公務員診所服務

個人題

chapter 03

b. 題目分析

> 考生宜在面試前了解更多實際工作內容，同時亦可檢討自己是否真心想考入政府擔任 ACO / CA，每天重複處理不太有趣且單一的工作內容。此外，視乎被調派到的工作部門、崗位，以及直屬上司的要求，ACO / CA 的工作未必輕鬆。例如有些部門的櫃位排隊人龍長期爆滿，負責櫃位服務的 ACO / CA 可能每天都要忙到櫃位關閉時間，才有機會鬆一口氣。

> 既重複又沉悶的工作內容未必符合每位考生的期望，考生在面試前也要先做好心理預備，在考官面前才可表現得絕無破綻。

> 另外，在回答不喜歡或不擅長的部門 / 工作時，建議考生避免提出上表中 (a) 至 (e) 的工作範疇，因為這五項都是最常見的 ACO / CA 職責。

考生亦不妨老實回答自己有不擅長的項目，畢竟 ACO / CA 的工作涉獵範疇太廣泛，即使由一位已經準備退休的資深 SCO 來回答這條問題，他都未必做過 (a) 至 (i) 全部九項工作，亦肯定會有自己不擅長的項目。而考生作為一個未必有工作經驗或沒有政府工作經歷的人，有不擅長的工作亦屬人之常情。

然而，無論如何，這條問題本身就是一個負面的題目，若一不小心以太誠懇的態度去表示自己「不擅長」，有機會令考官覺得這個考生欠缺自信而被扣分。筆者在前文都提過，大部分考官希望在面試中找到思想正面、積極的考生。假如考生如果有能力將這條負面問題的答案變得正面，一定能夠為自己的表現大大加分。

以下由筆者示範獲取錄的考生如何反轉思維，好好運用這條負面題目爭取好印象。

3.7 實例示範：負面問題博好印象

考官提問：在 ACO／CA 的眾多職責之中，你認為自己最不擅長哪一項？

a. 示範回答（1）

我未必擅長為政府律師提供支援，並為法官和法庭使用者提供法庭支援及登記處服務（support to Government Counsel, and court support and registry services to judges and court users）這份職責。因為以往的學習和工作經驗都不涉及法律行業，亦從未試過跟法官這類專業的司法人士工作，假如將來被分派到這個範疇的工作，可能要多花一點時間去學習及適應。

b. 答案分析

> 以上的回答只是陳述事實 —— 而且法律界在香港社會的普遍認知之中，都是比較專業、高尚、神秘的職業，考生講出大眾認知亦不能視為沒有信心的表現。惟請留意，這個示範不適合本身就讀法律課程或在法律行業工作，對司法行業有背景知識的考生。

> 考生在回答這題時要注意遣詞用字，使用「未必擅長」，而非「不擅長」，既回應了題目，亦減低給予考官的負面感覺。在面試完結時，考官只會留下「這個考生未做過司法相關工作，所以不知會不會做得好」的存疑印象，而非「這

個考生不擅長司法相關工作」的負面印象。

> 如果考生對自己的個人經驗有信心，認為那對於 ACO / CA 的工作是有價值的，可以在此處用一兩句去總結自己以往的學習 / 工作經驗重點。例如會計相關工作，表示自己雖然不擅長 (f) 為政府律師提供支援，但可以在 (c) 財務及會計 (finance and accounts) 的崗位上表現良好！當然，這一題的重點仍然是 (f) —— 考生不擅長的項目。這部分的內容一句起兩句止即可，絕對不可以比正題的篇幅長。

> 最後，考生絕對有必要以「我未必擅長但我會學習」的誠懇態度來結束這個回答。誠然，任何人都總會有不擅長的工作，例如筆者可以是一個稱職的文職人員，惟若上司調派筆者去查案、捉賊，筆者亦會直接表示「我不懂」。不過，一個面對不擅長的工作，仍然願意去學習進步、改善的態度卻不是人皆有之，這亦正正是考生如何從眾多應徵者中脫穎而出的關鍵鑰匙。

a. 示範回答（2）

我未必擅長資訊科技支援服務 (information technology support) 這項職務。

因為以往的學習背景及工作經驗都沒有資訊科技（IT）相關的內容，目前只具有使用文書處理軟件的能力。不過，我十分期望被派往這個範疇的工作崗位，因為未來是 IT 主導的世界，可以乘工作之便了解及學習 IT 相關知識，好好裝備自己，將來亦可把學到的 IT 技能，應用到其他 ACO / CA 的工作崗位之上。

b. 答案分析

➤ 考生第一句就坦誠表示自己未必擅長的項目,而這亦是事實,因考官在考生的申請表會看得到其過往背景,假如考生是典型的文科人,考官自然不會對考生熟識 IT 的程度有期望。當然,這不適用於擁有在 IT 公司工作經驗或修讀相關學科畢業的人。

➤ 考生記得要補充,自己不熟識的只是 IT 專業,但有能力應付普通的文書處理,亦即是具有 ACO / CA 所要求的電腦軟件應用能力,藉此提醒考官,自己絕不是連使用電腦都不懂,亦避免考官抓住這一點去追擊考生,又或者在考生對工作內容的認知一項扣減分數。

➤ 考生以「我未必擅長但我很想做」作為此回答的轉折點,這與上一個示範答案有異曲同工之妙。所有人都有不擅長的事項,但考生面對不擅長的工作,並沒有表示抗拒態度,反而抱有期待之情,擁有這種積極正面態度的應徵者,相信無論是政府還是私人公司都願意聘請吧。而且政府工面試的考官更不必考慮人力資源及訓練等問題,故比私人公司還少了一種顧慮。

　　當然,上述這種態度若表達得宜,在考官眼中就是正面,若處理得差則是虛偽,因此,考生要解釋為甚麼會期待。就資訊科技支援服務（information technology support）而言,IT 技能屬於可轉移技能,加上 IT 是近年本地社會重視的行業,考生想乘工作之便學習相關技能亦具說服力,可以爭取考官信任。

➢ 最後，考生表示可把學到的 IT 技能應用在其他 ACO / CA 的工作崗位之上，既是表達誠意，以示自己想在公務員這條職業軌道上長遠地走下去，同時更顯露出自己對 ACO / CA 工作的熱忱，實際展現了願意服務、貢獻政府。

以上示範的兩個作答方向，考生可作參考並再添加自己的個人風格，又或者套入自己對未來職涯想法的答案。

還是那一句，面試題目不設標準答案，考生只須留意上文提到的加分位及避忌，小心注意即可。

就這一條題目，考官亦可能會追問考生：**假如考生被派往最不喜歡 / 不擅長的工作，會如何反應？**

老實說，可以有甚麼反應？難道即時辭職嗎？正常人都不會選擇這個答案，即使真的會因此辭工，亦不會在面試階段便說出這個答案吧。

其實，逆向分析，考官作出追問，只是想更了解考生在面試中面對逼迫的反應。

如果考生已經回答了前面預備好的答案，考官仍然堅持轉換方式，不停追問此問題，考生只需要維持笑容，表達自己遇難愈勇、勇於學習新的技能和知識，欣然接受即可，毋須浪費時間與考官糾纏。因為考生愈緊張，就有機會不經意地丟出一些真心的想法，愈容易被考官找到破綻或矛盾。

另外，面對逼問保持正面態度、維持笑容，亦是與考生在面對

困境時要積極面對的做法、方向不謀而合。

　　同樣道理，假設考生被問及如何應付其他不理想的工作環境，如突發事故要加班工作等，統一口徑回答「不介意」是常識吧。考生切記，不要在面試中斷言拒絕接受任何難題或自己不喜歡的工作安排。

　　一理通，百理明。考生只需要了解考官問題背後的理念及想測試考生的何種特質，自然就能突破自己的思考盲區，猜到考官想要怎樣的答案，並講出讓考官滿意的答案。

個人題

chapter 03

Chapter 04

處境題

　　處境題是指考官會假設一個工作中的情境，要求考生就假設的情景，回應如何解決處境下的各種難題。通常這些都是考生未來入職成為公務員後，有機會面對的真實問題，而這些令人頭痛的難題，正是處境題往往被視為「死亡之題」的主因！

4.1 被稱為「死亡之題」的理由

考生在 ACO / CA 面試中面對的處境題主要分為三種類型，分別是：

> a. 應對上司的處境；
>
> b. 工作中面對的處境；以及
>
> c. 管理下屬的處境。

三類處境題亦正正反映出為何很多 ACO / CA 分享自己工作時，都會自嘲為「夾心階層」——向上要承受主任級別上司給予的壓力，自己在工作時會面對工作上的困難或與同事之間的磨合，對下則有管理下屬（通常是前線工作人員）過程中面對的種種情況。

很多考生都對處境題感到驚慌，亦有考生認為那是「死亡之題」，不少人面試失敗都是死在處境題之上。筆者認為，考生覺得這部分困難，源於考生在這部分除了要回答一開始的假設處境，還要應付考官一波又一波的追問。

對政府立場的了解程度

此外，這些處境題是考生在私人公司（或校園生活中）都未必會遇到的情境，而就算遇過，因為私人公司的營運模式與政府服務大眾的立場取態截然不同，所以應對方法亦有天淵之別。考生千萬

不可將在私人公司使用的那一套搬到政府裏使用。

舉個例子，在書店出現一名到處喧嘩大叫的市民，與在政府管理的圖書館裏喧嘩的市民，兩個場地的合適應對方法大有不同。筆者相信，兩個場地的管理人員一開始都會採取勸喻的方式，多次勸喻不果就可能會作出口頭警告，之後呢？如果有配套的書店可以要求保安員「請」這位不能控制的市民離開現場。書店的服務對象是前來購物的所有客戶，當有人大聲喧嘩影響到其他來書店的消費者，店方就可以選擇「請」不受歡迎人物離開，甚至禁止該人以後再進入書店範圍。

然而，政府卻不能夠這樣做！

政府的功能是運用公帑服務大眾 —— 對象包括所有市民，無論該市民是男是女、是喧嘩吵鬧還是安靜守規、是傑出青年還是尋常百姓，圖書館服務都是提供給所有人 —— 就算是一位喧嘩吵鬧的市民，亦不影響其獲得圖書館服務的權利，即使其行為影響到其他圖書館使用者，圖書館的管理人員在作出勸喻及警告無效後，亦無權硬性將對方趕走。除非有人在現場干犯罪行，管理人員亦只可以聯絡執法人員到場處理（管理人員沒有執法權），這正正是因為使用圖書館是所有市民的基本公民權利。

因為政府的獨特角色，令到公務員在很多處境下的處理手法與私人公司僱員大相逕庭，亦與很多考生一直以來的行事、思考方式有相當大分別。

處境題答得不好，往往並不代表考生的處事能力較弱，只是敗在考生對政府運作未有足夠了解。這大概就是很多考生在政府工面

試的處境題中鎩羽而歸，卻不知敗因的最大關鍵。

本書會按照 ACO / CA 面試中的三種處境題類型，拆解不同個案，讓大家學會如何從政府角度應對不同處境題的態度，舉一反三，也適用於考生在其他公務員職位面試中被問到的各種題目。

原則：做足準備　如實作答

應付處境題的建議方向，筆者認為照直回答最好。眾所周知，在處境題的考核中，考官會就考生的回答作出追問，追問難度則視乎考官的滿意程度 —— 通常考官愈認同考生，追問的難度就會愈淺。亦有情況是考官一整天下來已經問到盲目了，無論甚麼考生回應甚麼內容，考官都會作出相近的追問，所以考生其實不用因為遭考官追擊而緊張。

筆者在處境題的建議方向之下，會再附有詳細的解釋，提醒考生每一個回答背後的原因，以便考生據此做好心理準備。不論考官如何追問，考生在回答時皆可以直接引用作解釋，只要堅守着答案背後的理念即可，千萬不要因為被考官追問就誤以為自己答錯了，或甚至因緊張而臨時轉換答題方向，結果露出破綻。

須知道處境題並沒有正確答案，考官主要是想透過考生的回答及反應，評估考生的應對能力、性格、抗壓能力和邏輯思維。每個處境都各有不同，考生在面試中亦未必會遇到相同的題目，又或者考生背景不同但問的方向都大同小異。因此，考生應避免死記硬背筆者的建議方向，宜融匯貫通理解題目分析，在面試中表現出自己的理解能力及個人特色。

4.2 應對上司的處境

向上管理是打工仔在不同的辦公室都需要的職涯能力,當然,紙上談兵與真正實踐有很大分別。投考 ACO / CA 的人士要留意,這部分的題目分析及建議答題方向偏重「湊老闆」且不太保留個人尊嚴,因此只適用於面試。

以下的建議方向未必適合每一種性格的打工仔,但絕對有助大家應付面試問題,滿足考官對考生的期望。考生亦可在回答中加入一些個人風格或過往經驗,令自己的答案變得更獨特。

同時,切記面試實際上是一個歷時 20 至 25 分鐘的角色扮演遊戲而已,考生代入角色通過面試並收到錄取信後,才再研究真正的實踐技巧吧!

a. 問題示例(1)

假設在你準備下班時,上司向你派發一份緊急的工作,要求你先做完再下班,而你當晚預備去看演唱會,必須準時到達。你會如何處理?

b. 建議答題方向

➢ 先評估要多長時間才可完成工作,如果演唱會開始前可以完成,就馬上開始處理緊急工作。

◆ 考生在面試時回答願意馬上返回座位工作，雖然是正確的態度，但考官一聽難免會覺得考生很虛偽吧。因此，先答要評估一下工作內容，如果是可以簡單辦妥的，就不要作出無謂的堅持。

➤ 詢問上司是否必須今日內完成，還是只要在上司翌日上班前做好就可以。如果不用即晚完成，那麼就可以今天先做好一部分後去看演唱會，剩下的待翌日提早返回辦公室完成。

◆ 其實很多上司不在意下屬如何或甚麼時間完成工作，只在乎在自己需要成果的時候下屬能遞交上來便可以。

◆ 考生只要堅守完成工作這個目標，這條處境題可以演變為一條突顯自己具有時間管理能力的題目。

➤ 假如上司強調必須要當晚完成，只好先打電話通知一起去看演唱會的同伴先進場，自己趕快把工作完成後才來。

◆ 筆者的建議答題方向分成三個階段，分別是：評估、時間管理、退讓。考生亦可以在處境題中分三次回答。第一次先回應評估，考官自然會追問考生，假設不能在演唱會開始前完成，你會如何處理？或假設這是你喜歡了很多年的偶像之告別演唱會，只此一場，你願意為了工作遲到嗎？之後考生再逐步退讓，回答第二、第三步。

◆ 考生在處境題中，一定要仔細地聽清楚考官的問題，以及循上司的角度去了解問題的要求。此問題的要求自然

就是急需考生完成工作，無論一開始考生如何推卸，考官追問兩次內，考生就要申明立場 —— 工作比演唱會重要，會優先處理工作。

◆ 莫道考生在演戲，考官其實亦在交戲。角色之間需要有交流，一唱一和，才能演得成一場好戲。因此，就算考生心知肚明，最終極的答案必然是要退讓，倒也不用第一步就回覆「那我不去演唱會，馬上回座位工作便是」，以免剝削了考官「表演」的機會。

工作重要，還是演唱會比較重要？這是當年一條頗為人津津樂道的 ACO 面試題目。考生上網搜尋都可能會見到相關的討論，網上的意見一致偏向應該去演唱會。坦白說，有些人投考 ACO／CA 就是為了能準時收工嘛，筆者知道，考生知道，考官都知道，所以考生不用在面試中提醒考官了。

現實世界中，拒絕「開 OT」加班工作的 ACO／CA 比比皆是，但在面試階段，還是要求適當演技及正確劇本。

除了以上的回答方向，亦有較可取的答法，假如是風格比較木訥的考生，可以直接回答說自己不看演唱會，下班亦很少約朋友，因此不介意加班完成工作，考官大概就無話可說了。但注意，這個回答方式不適合在前面個人題已表明要準時下班，又或者曾提及自己要照顧小朋友、下班進修的考生。考官只要換個問法：**假設在你準備下班時，上司向你派發一份緊急的工作，要求你先做完再下班，而你當晚預備去英文進修班，必須準時上課。你會如何處理？**考生仍然要跟着劇本作答。

筆者重申，處境題沒有正確答案，考生應參考本書的建議後再加入個人特色作答，令考官對你有一個更鮮明獨特的印象。

而考生只要明白了回答這條處境題的原則，應該足以應付其他類似的題目。

以下再舉一條應對上司的處境題及應對方法。

a. 問題示例（2）

假設你的上司在放假三天前為你安排了一份工作，要求你在他放假回來前完成。而你在他放假期間發現這份工作很複雜，一個人用三天的時間是不可能完成的，你會如何處理？

b. 建議答題方向

> ➢ 首先評估需要額外多少時間才能完成工作，盡早以短信通知上司，詢問對方是否可以延遲呈交，待上司知道並再決定是否需要延後完成時間，又或者增加人手一起快速處理。

◆ 考生只有兩個答案選擇 —— 加班把工作做好，或者爭取更多的時間 / 人手。

◆ 盡早向上司發一個短信交代事情的所有背景、考生個人評估、增加人手方案（如有，就包括人手的選擇），讓上司在放假時可以一次過作出回應，盡量減少影響到上司放假的時間及心情。

◆ 由於題目有表明上司正在放假，考官有機會質疑考生是否應該在上司放假時發訊息打擾？考生可以在第一次回答時表示有作出上述考慮，並回答自己的理解是要盡快呈報問題，讓上司有時間作出安排，而非待對方放假回來後才得知工作未完成。考生若被追問時亦可順便輕輕補充：如有必要，自己亦不介意放假時被聯絡，認為只要不是經常性打電話叨擾，上司未必會介意。

◆ 與應付上一條處境題的道理差不多，如果考生一上場就滿腔熱血表示自己可以不眠不休在三天內完成工作，劇本就演完，考官沒有表演機會，面試至此可以一鞠躬下台說再見。

➢ 在等待上司回覆時加緊處理可以先完成的部分。

◆ 即使明知不能在三日內完成工作，考生仍要努力朝着完成工作這個目標邁進，因為這是上司及考官的最重要要求。

➢ 視乎上司如何回覆，如果上司允許安排其他同事一起完成項目，便應馬上將項目分成若干部分，並摘要重點讓同事們盡快了解工作內容，力求在上司放假回來前完成任務。

◆ 考生在處境題中，一定要清楚理解考官的問題，同時以上司的角度去了解問題的重點所在。此問題的要求是上司安排考生在他放假時要完成工作，考生就要向上司釐清到底工作是一定要在三天內完成，還是只是上司為了方便管理自己放假期間的工作，才設下這條死線。如

果是前者，就要爭取更多人手務求三天內完成；如是後者，則只須盡快處理即可。

a. 問題示例（3）

前面兩題處境題目都涉及上司安排的工作，以下是有關上司與考生相處上的處境題。考生可以先嘗試自行回答，之後再參考筆者的建議答題方向。

假設在你的上司經常在辦公室用高聲量責罵你，令你感到十分大壓力，你會如何處理？

b. 建議答題方向

➤ 會先反省上司責罵自己的內容是否合理，檢視自己做錯或不足的部分並加以改正。

◆ 被罵的第一反應 —— 自我反省。

◆ 反省之後改善。

◆ 套句不合時宜但在上司眼中是正確的至理名言：「鬧你是塞錢入你袋。」

◆ 先將問題重點放在第一句，後面再處理壓力問題。

➤ 如果有機會，虛心向上司討論及請教自己的改正是否可以

被接納。如果上司仍然感到不滿，而自己亦不明白錯在甚麼地方，就主動詢問上司可否提供更清晰的指引，以便改進。

◆ 虛心請教，勇於改正，是面對任何處境都應抱持的工作態度，即使上司的態度不好。

◆ 上司的要求，一如既往，是要下屬完成（有質素的）工作。考生仍然繼續以這一點作為回答的宗旨即可。

◆ 然而，以上的宗旨只適用於正常的上司，遇到這種題目，考生心底裏都應該自己的上司未必是正常的。但還是等考官追問，你才再確認吧。假設考官追問：**如果你嘗試改善後，上司仍然不滿意，依然在辦公室高聲責罵你，你下一步會如何處理？**

➤ 既然上司高聲訓話，那麼其他同事都可能已經知道前因後果，考生可嘗試向同事們請教，看看是否自己對上司的說話有理解錯誤，而導致雙方有誤會。

◆ 死守「虛心請教，勇於改正」的宗旨，只是請教的對象不同。在考官未說出你做完可以做的事情之前，都不要假設自己的上司精神有問題 —— 等同在現實世界中，即使自己上司有燥狂症，亦不應從你的口中說出來。

◆ 考官最後可能會追問：**當你做到自己認為最好的狀態後，上司仍然沒有分別，你會嘗試與他溝通嗎？**

◆ 工作時，溝通是十分重要的，所以前面第二步的建議方向，除了要請教，更關鍵在於要討論。當然，走到這一步，工作上的內容已不再是重點，重要的是態度。

➤ 假如上司的責罵已經無關工作內容，考生可強調自己會嘗試在上司心平氣和時跟進行溝通，直接向對方表明在辦公室高聲責罵，會令自己感到不適及有壓力，希望上司在自己工作出錯時可以理性地指出來，而非高聲謾罵。

◆ 在合理的時機指出自己的感受，以及期望對方可以改善的方法，是作為一個文明人對待不合理的人時最後可以做的事。

◆ 視乎考生性格，有生活態度的考生亦可回答自己在下班時會用適當的方法調劑壓力；至於比較強硬的考生，可以提議尋求更高層的上級協助（作為最終的解決辦法）。

◆ 每個人對待壓力的方法都不同，考生在理性溝通後都可以提出自己的答案，但要申明自己會盡量避免與上司直接起衝突。

在職場中，向上管理是一門高深學問。考生想更快速準確地了解考官的要求，平日就要多代入上司的角度思考，理解對方的命令和說話的含意。多練習，在面試時自然可以給出考官想要的答案。

4.3 工作中面對的處境

　　工作相關的處境題，通常都會圍繞 ACO / CA 的工作職責，看似十分廣泛及複雜，其實來來去去都是關乎前文提過的各種工作職責而已。

a. 問題示例（1）

　　假設你負責的文件室（Filing Room）內的窗戶，在十號颱風信號懸掛期間被吹破，翌日上班時你發現場文件散落一地，你會如何處理？

b. 建議答題方向

> ➤ 首先，不要進行執拾清理，應該先馬上拍照並向上司作匯報，而其他同事可以馬上放低手頭上不緊急的工作，分別到樓下查看有沒有文件飄散到公共地方並撿回，以及拯救現場文件，將文件搬離現場以免繼續受破壞，跟着才是清理文件室。

> ◆ ACO / CA 的全職稱是 Assistant Clerical Officer / Clerical Assistant，顧名思義，Assistant 主要是負責 Assist，即是協助主任級別上司的工作，而非自行決策。每當發生超乎 ACO / CA 能力範圍，甚至有機會影響自己下屬以外的同事（包括上司的上司，越級處理事情在政府是大忌），或者要對公眾交代（這裏指的公眾並非單一市

民，而是有機會影響輿論的群眾）的處境，考生的第一反應都應該是先向上司作出匯報。視乎處境的設定，若情況許可，考生本人應親自向直屬上司匯報，同時留下其他同事在現場處理。

◆ 而發生意外時，考生在面試時首要考慮的必須是減低傷害，這不單單只是人命、財產，對政府而言，文件的重要性隨時高於普通財產。因此，在這個處境之下，考生可提議在窗戶未修復時，先把完整文件搬離，而將散落及濕掉的文件移到潔淨的地方，待風乾後再點算。

◆ 針對這個處境，視乎文件的重要性，假如文件屬於限閱性質或包含個人資料，文件散落到戶外可能牽涉觸犯政府內部守則或相關法例。即使文件不重要、不涉私隱或內容並非機密，部門文件被公眾撿走亦有機會引致不良的公眾反應，令人認為政府內部的文書管理不善。正所謂家醜不出外傳，在這個情況下，就算未能即時點算損失的情況，亦應派人員在可行的狀況下查核有沒有文件外流。

➢ 即時處理現場後，應該緊急聯絡裝修公司到場維修窗戶。

◆ 做事有分緩急次序，聯絡裝修公司其實應該在清理現場之前便做好，因為聯絡後還要等對方安排師傅到場。假如聯絡晚了，師傅未必可以即日來到。但在 ACO / CA 面試中，建議考生先提出上述的處理文件事宜，這是向考官表明自己了解政府文件的重要性。

◆ 假如考官追問處理次序，考生可以再仔細告之，要先聯絡裝修公司，然後一邊清理現場，一邊等候裝修公司回覆。而維修工程應該安排在簡單清理現場之後才進行。

◆ 考官亦有機會追問：**如果找不到裝修公司即日維修窗戶，考生又該如何處理？**很多考生一被追問就變得很緊張，其實退一千步看，這一條只是很簡單的常識題，如同考生忘記帶鎖匙回家，找第一家開鎖師傅未果，就找第二家，不行就找第三家。還找不到，就找第四家，難道找不到就不回家嗎？同樣道理應用到處境題中，只要保持冷靜，不緊張，考生其實可以用常識應對。

➤ 清理完現場情況後，點算文件，記錄損失，再向上司匯報。

◆ 損失已經造成，之後要做的就是點算損失，這是在任何意外的處境下的正確處理手法。

◆ 在政府內，所有部門都應有各自的文件清單，用來記錄文件冊數及儲存地點，文件室的文件如是，倉庫裏的貯藏紀錄亦如是。只要明白這個道理，考生面對同類型的處境題都可以抱持同一個建議方向作出應對。

➤ 完成當日工作後，檢討並反省未來如何在惡劣天氣下減少損失。譬如在天文台發出警告前將文件搬離窗邊地方，假若因地方環境條件所限不能做到，也可以用防水的大膠袋包好文件，以避免重蹈覆轍。

◆ 每當談及應對措施與方法，性質上都可分為即時及長期

兩種。前面所說的都是意外發生當日馬上要做的措施。而檢討即是為長期目的而做，評估現時的不足或欠妥善之處，再改善做法或流程，以避免未來再遇上相同的問題。

◆ 就現時這個處境，檢討必須在下次刮颱風前完成。

在意外發生時，首要考慮的因素必然是馬上阻止事態惡化，阻止損害擴大，同時要點算損失，跟着再檢討如何做得更好以免事情再次發生，這是全體公務員在工作時秉持的大宗旨。

而因應 ACO / CA 的角色，考生亦應牢記在適當的時候加上「向上司匯報」，這是一個必須存在的重點，以突顯考生無時無刻都尊重上司，工作起來不會自作主張。

考官可能會追問做法或先後次序，考生只要堅持「止蝕、點算、檢討」三個大方向即可，詳細做法亦可以加入考生個人風格。例如考生若擁有如何將濕透的文件回復原狀的知識，亦可用一兩句作簡單分享，提高答案的獨特性，讓考官對自己有更深刻印象。

這一道處境題以十號颱風信號懸掛下的文件室為對象，損失的是文件。考生在面試中可能會面對其他類近的題目，譬如社區會堂在暴雨下水浸，損失的是木製傢俬；警署的證物房失火，損失的是證物；辦公室被破門盜竊，損失的是電腦器材或財物⋯⋯

考生只要緊守答題宗旨，就會發現處境題並非想像中那麼複雜及困難。

a. 問題示例（2）

　　假設你負責處理牌照申請，有申請者到你部門投訴你處理不公，表示他的同行在差不多時間遞交同樣的申請已獲批，但他的申請卻被拒批。你會如何處理？

b. 建議答題方向

> 第一步是把這位申請者帶到會客室避免引起公眾注意，並安撫對方的情緒。

◆ 處理任何投訴，不論是現場親身或是經電話接洽，考生的第一個反應都應該是安撫對方情緒。

◆ 這時考生需要特別注意自己的遣詞用字，避免回答說：「請／叫投訴人冷靜一點。」這是一個在面試中頗常聽到，但會被考官扣分的說法。有經驗的人都知道，當你叫一個人冷靜的時候，對方往往只會更加激動。聽到這一句，考官便知道考生沒有能力靈活自如地應付投訴。

◆ 假如投訴的處境是現場，無論有沒有公眾人士在場，抑或是只有自己部門的同事在場，都應先將投訴人帶到人比較少的地方，一來避免影響在場的其他人，二來投訴人在有現場觀眾的環境下一般都會顯得比較激動（冀引起他人注意及支持）。視乎考官假設的處境，如果是面向公眾服務的櫃位中心，通常都設有會客室；若事件發生在後勤辦公室，則可以把投訴人帶到會議室。

◆ 有客戶服務經驗的考生可以在這裏闡述多一點，分享如何有技巧地安撫對方的情緒。沒有相關經驗或把握的考生就不要嘗試了，以免講多錯多，反而被考官找到錯處。

➤ 向申請人解釋一次牌照審批的條件及所需文件，並表明政府對所有申請者都一視同仁。

◆ 政府的分工十分仔細和分明，任何工作都會有既定的流程、程序，對任何人均一視同仁，不會因為今天到現場的是富豪而給予對方優待，亦不應該因為投訴人態度比較凶惡就優先處理。

◆ 如果考生平日有留意政府的官式回應時，很多時候向公眾交代或解釋時都只會引用「政府既定程序」，或表明「已按既定程序進行處理」。而考生在回應公眾，包括但不限於投訴人、申請人、查詢人、服務使用者時，都可以套用這種官式說法。

◆ 政府的既定立場是一視同仁，但考生要留意，凡事都有例外。這個世界有一種處理手法，名為「酌情處理」。在適當時候，政府是有權力行使酌情權去處理市民的要求，但這並不應該為權貴或投訴者而使用，而是真的要急市民所急。近年比較廣為人知的例子是在疫情下，曾有一段時間從外地到港人士必須完成強制檢疫安排，當中包括完成七天的隔離才可離開檢疫地點，當時的衛生署就有恩恤安排，協助檢疫人士在特定情況下暫時離開檢疫地點探望危重親屬。

➤ 如申請人願意，為對方核實身份後，幫他查看申請文件，再向他解釋申請不批的原因，並協助對方重新遞交申請。

◆ 上一點提過，公務員不應因為投訴人的態度而優先或押後處理其個案，但假如申請者有懷疑或不明白的地方，考生都可以提議協助對方解決疑難或重新遞交申請。

➤ 對於申請人口中提及的同行申請，不會為對方查閱或作出評論。

◆ 任何由公眾交往政府的文件，只要有公眾的個人資料，皆列作保密資料，政府職員本身都未必有權限查閱，更不應該為任何非申請人翻查相關資料。即使考官追問：**假設同行的個案都是由考生處理，那是否就可以幫這個人查閱了？**考生仍要理解，作為政府職員亦不應透露任何訊息予申請者之外的人（包括自己是處理人，等同為對方核實同行有提交申請）。

◆ 即使該投訴者有他口中同行的申請資料，在不能確認資料來源合法及獲得同行同意的前提下，公務員亦不應認證對方提供的任何資料。

◆ 同樣道理，如果考生有留意官方回應傳媒查詢特定案件時，很多時候都會向公眾交代說「未能評論個別案例」，相信不少讀者都應該對這句話比較有印象吧？考生在面對同類處境題之際，只要堅持這個方針就好。

➤ 如有需要，主動提供熱線電話或自己的電話號碼給申請人，以方便對方查詢或跟進。

◆ 這做法可給予考官一個負責任的印象。考生可以代入公眾的角色，假設自己去一個地方進行投訴，都會期望有一位負責人去專門處理自己的投訴事項。即使未能即時安排由哪一個同事作為負責人，都可以提供熱線電話讓投訴人隨時打電話聯絡或跟進。

很多 ACO／CA 的崗位都要面向公眾提供服務，因此考生要有心理準備，在面試時會被問有關面對公眾或客戶的處境題。

面對相關處境題時，無論考官如何追問或提升難度，考生都要提醒自己這個世界沒有麻煩客戶（Difficult Clients），只有面對困難的客戶，而 ACO／CA 的工作就是為對方解決問題或提供協助。

無論問題的處境如何改變，考生都應該提醒自己，在遵守政府規例的大前提下，以為客戶解決問題為宗旨，只要了解客戶的要求，並盡力協助解決或提供建議，問題解決之後，客戶自然不會浪費時間投訴。

考生在面對處境題時，要了解一個有潛質的 ACO／CA 所需要的性格，嘗試在面試中透過回答表現出來，即使考生未必有百分百把握，也必須表現出自信、果斷 —— 考生對自己的回答有信心且願意承擔風險，無論如何都要努力把自己的本份做好，展現正面、積極的態度與執行力。

當然，去到最後，如果考生感受到考官繼續挑剔，而所設處境亦已經遠離考生權力可以解決的難度，考生可以提出須請示上司。請記着，起碼要先頂住考官的一兩個追問，才提出向上司匯報；除非題目涉及影響在場人士安全的處境，就要馬上通知上司。

a. 問題示例（3）

　　假設你負責接聽部門的投訴熱線，同組別包括自己在內，共有四位同事輪流接聽來電，而你發現有一位同事經常在輪到自己接聽電話時離開座位，令你和另外兩位同事要分擔其工作量，你會如何處理？

b. 建議答題方向

> 考生可先了解該同事是否有意為之，還是他最近因私事比較繁忙，如是後者就會體諒一下。

◆ 人性本善，無論面對任何處境，考生都應該先假設處境中的角色背後都是有理由、考慮、苦衷的。例如被上司高聲責罵是因為自己做得差，市民來投訴是因為他們面對自身無力解決的問題，同事推卸責任是因為有迫不得已的事情導致短期內無法專注。畢竟每個人都有難為的時刻啊！

先假設同事有苦衷，互相體諒、支持一下，他日到自己有困難時，同事就會幫助自己，互惠互利。

◆ 在政府內部，人事問題是一種十分常見的議題，考生如果在這種處境下可以將一個潛在的人事問題妥善化解，並轉化成為對辦公室氣氛有利的結果，絕對可以讓自己在面試中加分。

◆ 想當然，考官不會讓考生這麼容易過關，他可能會追

問：如果你發現那位同事沒有苦衷呢？

➤ 假設同事只是因為不想接聽電話而離開座位，考生可提出先與對方直接溝通，如果這位同事是覺得處理投訴電話有困難，可以與他一起討論如何應對，希望同輩之間互相分享的經驗可推動大家一同進步，也令對方願意承擔自己的工作。

◆ 上述說法繼續秉承着「人性本善」的看法，同事並非一心偷懶不做，而是不懂如何做。那就一起看看如何改善好了。考生在回答其他類似關乎同級同事的人事問題時，務必小心，並緊記着自己的能力只能做到互相分享幫助，而不是自己單方面幫助對方或提供指引，這些是上司的角色功能。

◆ 考生本着人性本善，但考官在面試中的題目大都是基於人性本惡：**假如那位同事不願意呢？**

➤ 若考生跟這位同事溝通後，發現自己未能解決問題，可以記錄大約一星期內，對方在準備接聽電話時離開座位的時間，再向上司匯報。

◆ 嘗試過解決問題，失敗後就要尋求協助了。而上司就是在一個辦公室內的最佳求助對象，亦是這條處境題的終極答案。

◆ 然而，在匯報問題時，考生應先搜集好背景資料及相關數據（證據）後再提交報告，以便上司考慮。

a. 問題示例（4）

如何與同級好好相處，是 ACO / CA 在日常工作中會面對的處境，曾經有類似的面試問題如下：

假設你同級的同事經常在上班時間內睡覺，呼嚕聲傳到你的座位，你會如何處理？

b. 建議答題方向

➢ 首先，會視乎同事睡覺（及呼嚕聲）是否影響自己工作，如果沒有，就不會去管別人。

◆ 這一條問題的重點在於，同級的同事不是自己的下屬，考生自然沒有道理（和權力）去管，答題方向與在政府裏工作的宗旨 —— 多一事不如少一事 —— 相同。

◆ 除非該同事的行為影響到自己的工作。這裏指的影響有兩種：較直接的是同事的呼嚕聲影響自己工作效率，另一種是他因睡覺做不完的工作攤分到自己身上了。

◆ 當然，考官不會輕易放過考生，或追問：**假設你負責接聽熱線電話，而他的呼嚕聲影響到你的電話溝通，你會如何處理？**

➢ 那當然就是完全不行了！這不單單影響自己的工作，聽筒另一端的公眾亦有機會聽到辦公室內有人在睡覺，影響部門（甚至政府）形象。如果是在接聽電話期間傳來呼嚕聲，

考生可以馬上裝作不小心跌落文件，透過聲響或行動嘗試把同事吵醒。

◆ 前文曾提及另一條至理名言 —— 家醜不出外傳。這是政府工作的真實規條，亦是考生在面試中應對處境題所要抱持的必要考慮因素。

◆ 此外，考生在回答關於同級同事的人事問題時要謹慎，第一步行動是避免直接指出同事錯處，套用在這個處境，就不應該直接去把對方叫醒。直指錯處是上司的角色功能。

◆ 而因應特殊需要，例如考生在此處境題中要接聽公眾電話，有必要的理由去把同事弄醒，考生可以提出其他特別的方法，包括裝作見到飛蟲大叫。

◆ 如果考官仍未滿意，再繼續追問，就是最佳求助對象出現的時候了。考官亦有機會直接問：**你會考慮向上司匯報嗎？**

◆ 在不影響政府及部門印象，或不牽涉其他高層、上司的情況下，考生可以向考官表明希望先自行處理，而非將小事化大，使事態升級。當然，若問題持續，自然要在適當時間告知上司。

➢ 假如問題持續沒解決且一直影響自己的工作，亦會撰錄大概一星期內這位同事在座位睡覺的時間，再向上司匯報，請求上司處理。

◆ 嘗試過自行解決但問題仍持續，就要尋求協助了。而上司就是在一個辦公室內的最佳求助對象，亦是處境題的終極答案。

◆ 與前文所提，當匯報問題時，考生應先搜集好背景資料及相關數據（證據）再向上報告，以便上司考慮。

4.4 管理下屬的處境

筆者於前文提過，ACO／CA 都有管理下屬的機會。但由於 CA 沒有晉升階梯，在上級眼中，未必是管理下屬的最優先人選，相對地，ACO 會有較多機會擔任需要管理下屬的崗位。

因此，第三類有關管理下屬的處境題，通常較多出現於 ACO 的面試之中，應考 CA 的人應該不太會遇到。因此，只申請了 CA 職位的考生只需要速閱一下這部分，知道就好，以分配更多時間預備第一及第二類的處境題。

ACO 要管理的下屬通常是前線職員，因為不同背景、職級，下屬會有很多大大小小的人事糾紛，ACO 作為這些人的上司，要充當調停、大事化小的角色。在現實世界裏，ACO 解決不了的紛爭就會上升到主任級別的上司處理，因此，上司對 ACO 處理人事問題的能力會抱有很大期望，以避免 ACO 解決不了的麻煩變成自己的燙手山芋。

a. 問題示例（1）

假如你的下屬年紀比你大，不願聽從你的指令，你會如何處理？

b. 建議答題方向

> 既然問題已點出下屬純粹是因為考生年紀小而不聽指令，考生就應該好好善用自己年紀小的優勢，以友善態度向對

方發出工作指示，並虛心接受其他更富資歷經驗的下屬意見，幫助自己盡快了解及適應辦公室的生態及工作。

◆ 要點之一是不以上司的高姿態命令下屬，反而是期望下屬能明白大家都是在同一個團隊工作，不必過度重視職級分別，大家一同努力辦公盡快完成工作就可以準時下班。

◆ 考生要留意用字，不過度重視職級分別，並不等於不理會職級分別，政府架構層層分明，無論是在面試中或實際工作情況中，公務員都是不能無視職級的。

◆ 假如善用自己年紀小的優勢，可以給予下屬們一個受教、聽話的形象，讓這些自恃年長、經驗老到的下屬在自己新入職時主動留意自己的工作表現，並在適當時候給予提點，減少自己做錯事的機會。

➤ 為了凝聚團隊氣氛，可以主動邀請下屬聚餐／請吃零食，希望有助改善同事間的相處和工作氣氛，讓他們樂意配合自己工作。

◆ 上網搜尋一下「如何改善辦公室氣氛」或「如何改善工作士氣」，會彈出過百篇值得參考的文章。此外，考生亦不妨加入一些合乎常理的個人想法、特色，令答案更具說服力和個人魅力。

➤ 在工作時，交到下屬手上的文件亦應反覆檢查，以免自己有任何遺漏或錯誤被對方發現，令下屬更加輕視自己，從而使不聽從指令的狀況進一步惡化。

◆ 除了軟實力，工作上的能力在任何一個辦公室，不論對象是誰都是十分重要。如何建立一個嚴肅的上司印象，是新入職 ACO 必然會遇上亦一定要解決的題目。

◆ 對待下屬，跟應對上司截然不同，不需要爭工作、博表現，但派下去的工作必須無誤，下指令的時候則要清晰、有信心。

ACO 入職後有機會被委派去管理不同職系的下屬，包括但並不限於文書助理、工人、常務助理、駕駛不同車種的司機等，因此考生在面試中可能會被詢問各類有關管理下屬的處境題。

因應各種不同處境，考生可以參考上面題目的例子，通過抽離角色的方式，循序漸進地提出假設去作答，慢慢釐清考官提出的處境細節，藉此觀察和分析問題的根本成因，再對症下藥，爭取處境的主導權。

雖然這類處境題的對象是下屬，但考生仍然要在面試期間，以言語表明建立及維持良好的關係是一件日常須做的事。政府的日常工作十分依賴每一個成員分工合作才可以完成，保持良好的辦公室關係才能讓大家的工作效率最大化，考生若懂得維持良好人脈，絕對是考官會想見到的特質。

在面對辦公室人事問題時，充分溝通是團隊能否成功的關鍵，考生可側重回答如何善用溝通能力、成熟思維及情商解決問題。

以上只是適合剛剛入職時收買人心並盡快取得下屬接納的方案，考生需要留意在這類處境題的回答中，長遠而言，考生自己亦

要盡快學會所有工作相關的知識與經驗，以免受制於經驗豐富的下屬。

a. 問題示例（2）

你負責管理部門司機的駕駛行程。由於司機的工作要外出，不在辦公室，你要如何管理其工作時間呢？

b. 建議答題方向

應考 ACO/CA 面試技巧

> 由於司機獨特的工作性質，在出發前，會先與對方商討當日的行車路線及預計的行車時間、到達時間；並要求下屬到達工作目的地時要記錄時間。

◆ 司機開車不像在辦公室工作，未必有固定的出勤時間表，上班時間亦比其他人不定時，有機會清晨已經要出動或工作至深夜，故難以要求對方定時報到。

◆ 司機的服務對象有機會是固定的高層人員，亦可能是部門中任何有需要進行外勤工作的同事。在這種情況下，司機雖然是自己的下屬，自己卻未必能直接管理他的工作及評核其工作表現。

◆ 基於上述處境，考核的基準大概是作為這位司機的上司，有沒有收到該司機服務對象的不滿或投訴。如果沒有，基本上建議考生採用輕鬆的態度管理下屬，毋須下屬時時刻刻報到。

> 要求司機如遇到突發事件導致行程延誤，立即致電自己作出報告。

◆ 司機作為下屬，有任何意外都應該向身為上司的考生匯報，等於考生他日成為 ACO / CA，遇到任何意外都應該第一時間向上司匯報。人同此心，考生就知道應該如何對下屬作出要求了。

a. 問題示例（3）

假設你的下屬在辦公時間內時常談笑嬉戲，影響工作效率，你會如何處理？

b. 建議答題方向

> 第一步是與下屬溝通並提醒辦公室規則 —— 不能在辦公時間嬉戲。同時指出因為下屬在辦公時間內時常談笑嬉戲，而拖慢了工作進度。

◆ 溝通是處理人事管理問題的第一信條。

◆ 對待下屬的不足，第一步通常是善意溝通及提醒。聰明的下屬應該都會有所避忌及改進。

◆ 當然，在處境題出現的下屬一定不是一招半式就可以對付。

➤ 萬一情況持續，由於談笑嬉戲會影響他人，可以安排為下屬調位到沒有同事為鄰的位置，一來避免影響其他人的工作心情及環境，二來希望沒有別人回應他，便會專心工作。

◆ 作為上司，管理下屬除了要顧及特定人士的表現，更要考慮某些人的行為會否為整個組別的員工及紀律帶來不良影響。

◆ 考生要了解人是十分容易受影響的族群，一個辦公室內只要有一個人帶頭做壞規矩，而無人制止，壞習慣很快就會蔓延。

◆ 假如考生在面試中遇上關於管理個別下屬問題的處境題，特別是有關紀律的事宜，必須考慮這點再回答。

➤ 倘若屢勸無效，則須加強語氣命令下屬不能在辦公時間談笑嬉戲；如可以，亦要以電郵清楚記錄會面內容及被影響的工作表現，以作他日參考。

◆ 在一個辦公室內，組員亦會因應上司對待下屬的反應，去評估上司處理這些違紀事宜時是否公允。

➤ 如以上行動都無效，就有需要向上司報備，並且在適當的時候於下屬的評核報告上反映此問題。

a. 問題示例（4）

假設你有數名下屬，而其中有一位經常遲到，你會怎樣處理？

b. 建議答題方向

➤ 要找出問題的根源，對症下藥；主動向這位經常遲到的下屬了解其難處，作為上司亦應盡能力協助對方改善問題。

◆ 這裏再次上演「人性本善」的劇本，考生應先假設該位下屬遲到背後是有理由或苦衷的。

➤ 假設下屬是剛剛調來新職位不久，現時辦公室距離其住所太遠，可建議對方好好分配作息時間，以免影響出勤，並會盡力指導其工作，例如向他示範工作流程等，以協助下屬盡快適應新環境。假如下屬通勤時間的確比其他同事長一大截，可嘗試替他向上級查詢，看看有沒有可能在下一個崗位調他到通勤時間短一些的地點。如果辦公室可以採用彈性上班時間，可以讓這位下屬選擇晚更。

➤ 如果不是因通勤問題而經常遲到，下屬也沒有特別難處，這就很可能是他個人的自律問題，可以先口頭勸導對方準時上班。如果問題依然沒有改善，可要求整個團隊實行上班簽到制，以免造成其他同事的壞榜樣。

◆ 儘管突然實行簽到制度極有機會引發其他同事不滿，但為了公平地管理下屬，就要一視同仁。新訂立的措施亦不應該只用於一位下屬身上。

➤ 假如經多番勸導及實行簽到制度後，這位下屬的遲到情況仍持續，甚至引發其他同事不滿，影響到團隊的工作效率和氣氛，可在事先通知後，要求該位下屬在下班後加工

時，以彌補遲到的時間，也突顯出公平對待其他準時上班的同事。

➢ 萬一情況嚴重且沒有改善，則有需要向上司報備，並且在適當的時候於下屬的評核報告內反映此問題。

◆ 一樣道理，針對團隊內部問題，考生應先嘗試自行解決，若情況續無改善，才再向上級匯報。

在政府工面試處境題中，辦公室人事問題的出現概率堪稱最高，作答時的處理方針則大同小異，重點是要先了解問題癥結，再對症下藥。

4.5 參考題目清單

　　模仿是其中一種有效率的學習模式，以下羅列了一些 ACO／CA 考生分享曾在面試中遇過，或筆者稍作改動的處境題題目，讓讀者在應試之前可作參考。

　　大家不妨按照前文的各種建議答題方向，嘗試回答以下這些模擬試題，並估計考官會如何追問，而自己又該如何應對。只要多加練習，在面試之際自然能夠保持冷靜和平常心，發揮出最佳表現。

a. 應對上司的處境

- 你的上司臨時放病假，頂頭上司緊急找你暫代處理上司的工作，然而你對這份工作毫無了解，你會如何應對？

- 假設你新入職的上司指派你製作一份文件，內容形式跟你過往多年來在部門的一貫做法有所不同，你會照做嗎？

- 若你的上司放假三個月，而代行職務的主任在這三個月內，要求你執行與你本身職責沒有關係的工作，你會如何處理？

- 假如你的上司習慣在臨下班前才派發工作，而每次都要求你即日完成，令你不得不經常加班工作，你會如何處理？

- 當你正在為上司預備信件，而上司簽名後着你幫忙寄出，這時你才發現信件上有錯字，你會如何處理？

b. 工作中面對的處境

- 假設你收到投訴，處理了半天後，投訴者仍感不滿，要求找你的上司對話，你會如何處理？

- 若你被要求處理一個 Excel 文件內的數據，但你發現自己無法理解文件內數據組成的方式，你會如何處理？

- 假設你負責部門的檔案管理工作，而你發現其中一份檔案不見了，你會如何處理？

- 假如你目前於部門的收款櫃位中工作，每天下班前要負責清點當日收到的款項。某一天，你發現收到的實際款項與入賬紀錄有出入，你會如何處理？

- 假設你負責接聽投訴熱線，最近有一位市民每天都會打電話來投訴天氣太熱，但這一件事情其實跟你所屬的部門職責毫不相干，你會如何處理？

- 如果你擔任秘書職務，而你的上司出席會議時經常遲到，其他與會者的秘書都打電話來向你投訴，要你請上司準時出席會議，你會照做嗎？為甚麼？

- 假設辦公室來了一位從別的辦公室調派過來的新同事，這人加入政府的時間比你長，因此恃着年資指點你的工作表現，你會如何處理？

- 若你新入職一個部門，而辦公室裏的同事對你的態度甚是

惡劣，在工作時，他們就算見到你遇到不熟悉的內容亦不願給予提點，你會如何應對？

■ 假設你的同事經常請病假，導致你的工作量增加，你會如何處理？

c. 管理下屬的處境

■ 你的下屬負責在部門櫃位中提供查詢服務，某一天，有公眾向你投訴該位下屬的服務態度惡劣，你會如何處理？

■ 假設你的下屬在部門櫃位工作，但他經常遲到導致櫃位「真空」，沒有人提供服務，你會如何處理？

■ 萬一你的下屬向你表達不滿，認為你分配工作不均，你會如何處理？

■ 假設你的下屬作為信差，負責派送部門文件到政府總部。有一天你收到總部的查詢，指該信差今日遲遲未到，你會如何處理？

■ 若上司在下班前突然通知你明天早上要為同事慶祝服務十週年，要你在下班前搬空會議室的桌椅方便拍照，但全部下屬都表示不願加班工作，拒絕幫忙，你會如何處理？

■ 假設你有三位下屬，其中一位準備於下個月開始放產假，而另外兩位下屬不願意分擔放假同事的工作，你會如何處理？

■ 假如你的下屬經常遲到早退，你會如何處理？

■ 若你發現自己的下屬在應對公眾查詢之際經常大聲吆喝，你會如何處理？

■ 如你的下屬向你投訴另一位同事恃着年資較深而時常推卸職責，對待其他同事的態度亦儼如當自己是上司，要求你主持公道，你會如何處理？

Chapter 05

時事題

時事題是公務員招聘（包括主任職系、文書職系甚至紀律部隊等）獨有的一類面試問題。由於政府工的服務對象是社會大眾，每項措施或政策都會變成社會時事，故考官希望藉這類問題了解考生對政府政策的認知程度、分析能力、本地 / 國際視野、價值觀等。

5.1 拆解時事題形式

　　時事題作為政府工招聘所獨有的面試問題，本質上其實如同考生去應徵私人公司的職位，面試前也會熟讀該公司的背景、業務、產品、架構、上市資料（如有）等。現在只不過轉換一下戰場，政府的「產品和業務」就是每一項政策或措施，它們都牽涉公眾利益，會被傳媒報道，因而成為了社會時事。

　　返回 ACO／CA 的面試，時事題其實就類似於私人公司的招聘面試中，考官透過提問來審視考生對應徵公司是否有一定了解。

　　在這一個部分，考官提問的方式是循序漸進，由淺入深，大約可分成三部分，形式如下：

針對一項時事題目，先提出資訊型問題，

測試考生有多了解該議題；

↓

接着追問議題背後的原則／行政做法，

審視考生對政府運作的認知；

↓

最後，會追問考生對議題的看法，

以考驗考生的邏輯思維。

　　在時事題中，通常第一部分的問題都比較淺，只是資訊型問題，會有正確答案。緊接下來，就到開放式題目，考官可因應考生各自的背景，針對議題的不同角度提問，最後一部分，考官會詢問考生對議題的看法和意見。

考生要應付前面兩部分還可以靠溫書背誦，最後一部分就只能靠考生平日訓練的思考能力了。

a. 不建議「撞答案」

由於第一部分的問題通常最容易，亦有正確答案。有些考生面對自己不太認識的題目，可能會嘗試「撞答案」。

然而，**不建議「撞答案」**！

即使考生認為第一道時事題簡單得有如選擇題，有一半的成功機會，但筆者亦不建議考生「撞答案」。畢竟這只是整個時事題的第一部分，而隨後兩部分的追問將更具挑戰性。假如考生在第一題幸運地靠「撞」答中了，令考官誤認為考生對議題有足夠認識，結果之後考生未能應付之後涉及同一議題的提問，或答非所問、言不及義，反而讓考官覺得考生明明了解議題，卻不懂回答，缺乏思維能力。

b. 以誠懇博取印象分

假如考生對議題沒有任何認識，大可直接回答不太清楚該範圍的新聞時事，並誠懇地表示會在面試結束後去了解相關資料。

離題一下，看到這裏，心水清的讀者可能會留意到，前文都出現過數次「誠懇」此一字眼了。在此提醒各位考生，事關筆者縱觀政府內比較年輕、新入職的 ACO / CA，他們都有一個顯而易見的特色，就是十分誠懇、乖巧。考生在面試前不妨代入一下人物性格，

努力表現出「誠懇」的態度，絕對有利於爭取考官對自己的印象分。

至於如何表現出「誠懇」？

以下再用時事題的例子示範一下，假設考生是知道或聽說過相關議題，但未能回答實際具體答案的狀況下，要如何展示誠懇。

考官提問：現行法定最低工資是多少？

假設考生不記得實際數字，建議答題方向如下：

可以回答一個範圍，如「大約港幣 40 元，不超過 45 元」。考生這樣作答是間接表示自己不知道確實答案，避免考官產生錯誤的期望。

如果可以，再附加一些考生知道的補充資料，譬如「因應疫情下的經濟環境處於衰退，失業率高企，法定最低工資水平在對上一次檢討中沒有改變，維持現狀」。即使不知道正確答案，考生亦選擇盡量作答，既表示自己對議題並非一無所知；而且知無不言，言無不盡，亦是誠懇的表現。

事實上，由 2023 年 5 月 1 日開始，法定最低工資水平為每小時 40 元。

翻查紀錄，檢討法定最低工資水平的工作每兩年進行一次，政府在 2021 年 2 月接納最低工資委員會的建議，考慮到本港經濟處於深度衰退，失業率高企，加上經濟前景面對異常高的不確定性，

維持現行法定最低工資水平在每小時 37.5 元，之後自 2023 年 5 月 1 日起進一步調升至 40 元。

試想一下，如果考生對法定最低工資的確切金額真的完全沒有概念，靠「撞答案」去回應，根本很難猜中。即使考生鴻運當頭撞中了，只要考官下一題追問：**今年的法定最低工資比去年增加了多少？**考生就露餡了！

至於真正對這個議題有了解的考生則會知道，法定最低工資水平的檢討工作每兩年才進行一次，即使最低工資水平沒有因為疫情而維持不變，2024 年的法定最低工資水平與 2023 年的對比亦肯定不會有任何改變。

沒錯，考官會提出一些「狡猾」的題目去測試考生對議題有否真正認識，所以，筆者重申一次 —— 不要「撞答案」！

以下收錄程度相若的時事議題及模擬問題，考生可先挑選回答每個議題的題目，再把答案及背景資料當成時事懶人包作參考。

除了本書內容，筆者也提議考生參照模擬問題的難度，在面試之前盡量熟讀新聞，再因應議題的複雜程度去決定了解的程度及投放的時間。

5.2 模擬個案 1：控煙條例

考官提問

> ➢ 在禁止吸煙區吸煙的定額罰款為多少？
>
> ➢ 政府哪一個部門 / 辦公室負責「控煙條例」的執法？
>
> ➢ 疫情下，你認為吸煙可以成為市民在公眾地方除下口罩的合理原因嗎？

背景及題目分析

　　三個問題其實可以分成兩大部分看待，首兩題為第一部分，涉及「控煙條例」的基本時事知識，相關資料如下：

　　為保障市民在室內工作地方和室內公眾地方免受二手煙影響，根據新修訂的《吸煙（公眾衞生）條例》（第 371 章）規定，由 2007 年 1 月 1 日起，法定禁煙區範圍已擴大至所有食肆處所的室內地方、室內工作間，公眾場所內的室內地方及部分戶外地方，任何人不得於禁煙區內吸煙或者攜帶燃點着的香煙、雪茄或煙斗，**違者定額罰款港幣 1,500 元**。

　　任何人如根據以上條款被要求離開禁止吸煙區或被逐出禁止吸煙區，均無權要求獲退還為進入有關處所或建築物所繳付的入場費或款項。

　　衞生署控煙酒辦公室負責上述法例的執行及推廣（考生如在回答中提出簡稱「**控煙辦**」亦可視作正確答案）。

至於第三條問題則獨立構成第二部分，用來測試考生對防疫措施的認知，以及能否按常理進行邏輯推斷。

> 在 2019 冠狀病毒病疫情期間，《預防及控制疾病（佩戴口罩）規例》（第 599I 章）規定在指明期間內，除了第 599F 章所規管的表列處所另有指示，任何人在登上公共交通工具時，或在身處公共交通工具上時；或在進入或身處港鐵已付車費區域時；或進入或身處指明公眾地方或第 599F 章所規管的表列處所時，須一直佩戴口罩。市民如身處《郊野公園條例》（第 208 章）第 2 條所界定的郊野公園及特別地區內的戶外公眾地方可以不佩戴口罩。
>
> 規例接納因身體上或精神上的疾病、損害或殘疾，而不能戴上、佩戴或除下口罩，作為合理辯解。但《預防及控制疾病（佩戴口罩）規例》（第 599I 章）下合理辯解的範圍並不包括吸煙的情況。換句話說，**任何人進入或身處公眾地方，均不可除下口罩吸煙。**

資料來源：特區政府同心抗疫網站（https://www.coronavirus.gov.hk/chi/public-transport-faq.html）

　　此題雖然表面上只是詢問考生的個人意見，支持與否似乎無關對錯，但除非是牽涉未來發展或一些暫時沒有定案的議題，否則一律建議考生順應政府已有的定案或政策方針去決定自己的答案 —— **不同意吸煙可以成為在疫情下，在公眾地方除下口罩的合理原因。**

　　而就此問題的思考角度，政府認為吸煙者無可避免會觸摸口罩和口鼻，增加感染 2019 冠狀病毒病風險。而吸煙者一旦感染冠狀病毒，可能增加成為重症患者的風險。政府在執行《預防及控制疾病（佩戴口罩）規例》（第 599I 章）時亦多次透過不同途徑，在不同場合呼籲公眾趁此機會戒煙。

順應政府的既定政策回答，不單單是為了「刷鞋」。須知道政府在制訂一個政策及立法前都是經過深思熟慮，諮詢過不同持分者意見，考慮過各方利益、影響才再落實的。考生要在短短的五分鐘的面試時間內，構思出一個合理的論據去支持自己有別於政府的看法，未必不行，但難度很高，故在此建議大家不要向難度挑戰。

　　況且 ACO／CA 在政府內並非擔當一個需要決策的角色，而是執行者，考官對 ACO／CA 的期望未必是一個太有主見而強勢的考生；相反，考生持主流意見，表現平平穩穩的，就足夠了。

5.3 模擬個案2：香港郵政

考官提問

> ➢ 寄本地的信件重量為 30 克或以下，須付多少郵費？
>
> ➢ 香港郵政會如何處理郵資不足或欠付郵資的郵件？
>
> ➢ 你認為香港郵政在推廣郵政服務方面的工作足夠嗎？

背景及題目分析

這次的三個問題一樣可以把首兩題與第三題拆解為兩部分，前者測試考生對本地郵費和投寄的資訊有沒有認知，相關資料可從香港郵政官方網站（https://www.hongkongpost.hk/）取得：

香港郵政的主要郵費於 2022 年 9 月 26 日起作出了調整。寄件人有責任繳付足夠郵資，並在信封上註明寄件人地址。郵資不足會阻延派遞，並須繳付附加費。

在投遞信件方面，有關基本級別郵費調整大致如下：

- **本地信件**：30 **克或以下的郵費調整至 2.2 元（港幣，下同）**；
- 空郵信件：20 克或以下寄往內地和台灣的郵費調整至 3.7 元，而寄往其他地區的郵費調整至 4.0 至 5.5 元不等；以及
- 平郵信件：20 克或以下寄往內地、澳門和台灣的郵費調整至 2.8 元，而寄往其他地區的郵費調整至 3.5 至 5.3 元不等。

若郵件郵資不足，寄件人／收件人須繳付附加費，派遞會受到阻延。

接上頁

本地欠資郵件的附加費用為所欠金額的兩倍。郵資不足而註有回郵地址的本地郵件，香港郵政會向寄件人徵收附加費。至於郵資不足而沒有註明回郵地址的本地郵件，或欠資的入口郵件，則會向收件人徵收有關費用。另外，郵資不足的空郵郵件會改以平郵付運，不作另行通知。

由於處理欠資郵件涉及大量額外工序，因此派遞將有所延誤。香港郵政一般可於七個工作天內將欠資郵件通知書送達收件人。

香港郵政網頁和手機應用程式設有郵費計算器及「正確地址」搜尋工具，方便市民計算正確郵費及檢查本地地址。

至於第三道題目，筆者嘗試以考官角度着手闡釋。當考官提出此類「你認為政府做得足夠嗎？」的問題，大多會把焦點放在考生回答足夠與否之後，怎樣加以補充。

假如考生「認為政府做得足夠」，跟着便應該舉出實際例子去說明香港郵政做了甚麼去推廣郵政服務，包括傳統的集郵品供應，或香港郵政網站內也提到的郵遞以外的多元化發展：

香港郵政是以營運基金模式運作，財政上高度自主，故能以較商業的手法經營郵政業務，靈活回應市場變化，迎合顧客需要。鑒於本地及跨境網購產品日趨多元化，除了提供高效的本地及國際派遞服務，香港郵政亦就互聯網商戶及網購人士需要，推出多項服務。其中包括：

* 一站式宣傳平台，提供方便的自助網上平台讓客戶輕鬆策劃、設計、製作和發佈直銷函件、宣傳網頁及宣傳電郵。

- 電子商貿銷售渠道，提供有效快捷的電子銷售平台，讓互聯網商戶拓展本地及海外業務。

　　若考生對香港郵政單項項目比較熟悉，例如集郵品供應，亦可侃侃而談各種集郵品，包括郵票套摺、紀念卡、特別郵票、首日封冊，又或者可以說出各主題、系列的郵品如「非物質文化遺產 – 香港中式長衫製作技藝」特別郵票，以突顯自己對推廣郵政服務的工作有一定了解。

　　值得一提的是，這條問題可應用於所有政府部門之上，其本質就是要問考生「政府的工作力度足夠或不足夠」。而在選擇回答的立場時，關鍵並非政府部門在有關方面做了多少事，而是視乎考生對相關議題有多少了解，能夠舉出多少例子。否則，假如考生回答說政府力度足夠，卻連一兩項例子都說不出來，反過來會令考官覺得你在胡亂作答。

　　另一邊廂，回答「不足夠」的考生則要有心理預備，考官很大機會繼續追問考生有沒有方法可以做得更好。應用到香港郵政此一模擬個案上，考官就有可能接着提問：**你認為政府可以做甚麼去推廣郵政服務呢？**

　　這時端看考生對議題有甚麼程度的理解和知識了，若考生對有關方面的見解不多，筆者建議可直白地回答以下這些未必有新意，但起碼四平八穩的答案：報章廣告、宣傳單張及海報、電視廣告與影片、戶外廣告、網站廣告。

5.4 模擬個案 3：減廢回收

考官提問

背景及題目分析

　　這次同樣採用了首兩題詢問有關回收的基礎知識，第三題則問
考生個人見解的結構。一如前文所述，其實政府工面試的時事題大
多數都是這種佈局。對應首兩條問題，相關背景及具體資料可從環
境保護署的香港減廢網站（https://www.wastereduction.gov.hk/）
上索閱：

　　環境保護署（環保署）在 2020 年開展了「減廢回收 2.0」宣傳運動，
繼續推動源頭減廢，加強教導市民善用社區回收網絡，做到「慳多
啲 點止三色咁簡單」，實踐惜物減廢的綠色生活。

　　除了「藍廢紙、黃鋁罐、啡膠樽」這三類常見的可回收物，環保署
在社區擴展回收網絡，涵蓋其他回收物料，包括**玻璃樽，以及慳電
膽 / 光管、充電池、小型電器及「四電一腦」**（即冷氣機、雪櫃、
洗衣機、電視機、電腦、打印機、掃描器及顯示器）。環保署轄下
的社區回收網絡會確保妥善處理所收的乾淨回收物，並將之轉廢為

接左頁

材。當然，考生未必可以說得出全部的回收物料，知道多少說多少即可。

環保署致力發展回收網絡，推動環保教育及社區協作，以支持惜物減廢及乾淨回收。透過提升現有社區回收中心的規模，並會增設新的回收點，環保署將其服務範圍擴展至全港 18 區，統一接收以上提及的回收物，共同構建回收新網絡以便利各區市民。

同時，環保署會推廣乾淨回收新項目，包括廢塑膠回收服務，以及「入樽機」以配合日後塑膠飲料容器生產者責任計劃。

環保署亦已設立**「綠展隊」提供外展服務，向物業管理公司及市民就實踐妥善廢物源頭分類及乾淨回收提供實地介紹與協助。**

除了這些基礎資訊之外，假如考生還知道環保署做了甚麼去鼓勵回收，請盡量在面試中把自己所知道的都說出來吧。畢竟以上列出的都未必就是全部，這就是開放式題目的好處，容許考生可以挑自己最熟悉的議題或例子侃侃而談。

至於要圓滿地回答第三條問題「環保與經濟發展的取捨」，就有一點點挑戰性了，首先這是一個極其宏大的議題，對於本身抱有很強烈個人意向的考生，一聽到這條題目大概已經可以說出個所以然，包括經濟發展對香港有多麼重要，又或者保護環境對於可持續發展來說是不可或缺的。

筆者在這裏建議的答題方向當然不盡相同，面對取捨型的題目，筆者認為考生在回答時未必一定要二擇其一，兩個只能撐一

個；相反，兩者其實可以互惠互利，合作發展。

借用「環保與經濟發展的取捨」此一個案來解釋，筆者的建議
答案是：

除了市場上早已存在的環保事業，政府亦多次提出發行綠色零售債
券，旨在讓市民有機會透過參與綠色和可持續金融市場，直接為綠
化香港作出貢獻，同時分享香港可持續發展所帶來的成果。

綠色零售債券發債所得的資金用途是，為那些具備環境效益和推動
香港可持續發展的綠色項目融資或再融資，換言之，環保與經濟並
非二元對立，而是以環保來推動經濟，經濟成果又再循環地推動
環保。

5.5 模擬個案 4：警隊防騙吉祥物

考官提問

> ➤ 你知道警隊的「防騙吉祥物」叫甚麼名字嗎？
>
> ➤ 你有在甚麼媒介見過這隻吉祥物？
>
> ➤ 你認為吉祥物在政府的推廣中有效嗎？

背景及題目分析

　　這道模擬時事題是測試考生日常有沒有留意各種媒體（包括電視、電台、報刊、網上廣告）上，跟騙案有關的警隊宣傳訊息。知道就知道，不知道就不知道，難以「撞答案」。

近年，香港錄得的電話騙案的宗數與涉及金額均大幅上升，「猜猜我是誰」及「假冒官員」的騙案十分常見，而且不時有人中計，造成金錢或財物損失。此外，網上情緣騙案的數量與涉及損失金額亦屢屢打破紀錄。有見及此，警察公共關係科設計了**防騙吉祥物「提子」**（即「提防騙子」的縮寫），藉此傳遞防騙信息。

作為防騙吉祥物，「提子」將於警方的**宣傳信息及物品**中出現，解釋不同的騙案中的作案手法，或以戲劇形式扮演受害者，傳播簡單易明的防騙信息。此外，**「提子」亦會在警隊的 Facebook、Instagram 及微博三大社交媒體平台上出現。**

　　警隊的防騙吉祥物「提子」，近年在各大媒體上的曝光率頗高，

相信首兩條問題未必會難倒考生。然而，第三條問題雖然簡短，背後卻涉及吉祥物的宣傳作用這種常識，同時考生最好還能舉出一些其他政府部門吉祥物的例子和宣傳情況，如此才能吸引考官青睞。

這裏筆者科普一下，「吉祥物」所充當的角色通常都是代表一個活動，比較為港人所熟知的吉祥物例子，包括 2008 年於北京舉行的第 29 屆奧林匹克運動會（京奧）吉祥物「福娃」，2009 年由香港主辦的東亞運動會吉祥物「東仔」和「亞妹」，以及 2010 年上海世界博覽會吉祥物「海寶」。

近年，有鑑於某些政府部門的吉祥物成功引起市民關注，鼓勵了愈來愈多部門都設計了自己的吉祥物，更曾經有幾個部門的吉祥物集結聯乘推廣，以令各自的支持者和更多人認識到不同部門的吉祥物。

有了以上的基礎知識後，考生便可以加上平日接觸不同媒體時，留有印象的政府部門吉祥物，發揮小宇宙，闡釋你認為這些吉祥物有沒有推廣效用。這是一條真正開放式的題目，並無對錯，端看你能想到多少個政府部門吉祥物，再言之成理即可。

香港比較著名而又能實際帶來正面推廣作用的吉祥物，當數環保署在 2013 年推出的「大嘥鬼」。至 2022 年，有見「大嘥鬼」的影響力及受歡迎程度，環保署再加碼創作並推出新的吉祥物「慳BB」，其角色設定是「大嘥鬼」的密友，署方冀兩大吉祥物可一起推動環保。另外，水務署的吉祥物「滴惜仔」也有在不同的學校教材中出現，教育並幫助學童在日常生活中建立正確及良好的用水習慣，於學界亦算是享負盛名。

接左頁

當然，有成功的例子，就有一些比較偏門的吉祥物。舉例說，道路安全議會吉祥物「留心蛋」，這是大眾見到它們的樣貌可能會有印象，可是形象不太清晰，顯示部門或許有利用吉祥物進行推廣而達到某些目標，但吉祥物並未被部門視作推廣重點。

如今，不單單是部門，不同的計劃或主題亦有自己的吉祥物。好像發展局旗下的起動九龍東辦事處吉祥物「起東東」，是由九龍東區內數個轉型地標的角色，合體而成的機械人。

政府統計處的 2021 年人口普查吉祥物「阿普（Paul）」和「阿查（Charlotte）」亦肩負使命，統計香港人口及社會情況。兩隻吉祥物的名字連在一起就是「普查」。它們的造型取材自對話方塊，再加入統計數據的設計元素，代表「數據會說話」。

當考生以為兩隻吉祥物已經很多，民政及青年事務局轄下的社區投資共享基金吉祥物「社會資本十兄妹」，共有 10 個吉祥物角色。不過，10 個角色同時出現反而使吉祥物失去聚焦的功能，市民不可能輕易記得那麼多個角色之餘，部門要利用 10 個角色進行推廣的成本亦更高，成本效益自然下降，連帶亦影響了推廣的效能。

因此，要回答這個案中的最後一條開放式問題，完全視乎考生心中的吉祥物印象是甚麼。假如考生說得出民政及青年事務局轄下社區投資共享基金的吉祥物「社會資本十兄妹」，並以此來分析吉祥物在政府的推廣中效用較低，筆者相信考官都會驚訝於考生的認真及投入程度，即時另眼相看。

5.6 模擬個案 5：長者醫療券計劃

考官提問

> ➢ 你知道每名合資格長者可獲發的醫療券金額為多少？
>
> ➢ 怎樣才算合資格長者可獲發醫療券？
>
> ➢ 你知道醫療券的濫用情況嗎？

背景及題目分析

　　三個問題的組成結構形式依舊，只是題材上對於較年輕的考生來說，或許有些難度，因為日常未必有太多機會認識或接觸長者醫療券的事宜。跟對首兩個問題有關的資料如下：

截至 2024 年年中，**年滿 65 歲並持有有效香港身份證或由入境事務處發出的《豁免登記證明書》的長者**，均符合資格領取及使用醫療券支付私營基層醫療服務的費用。但若該長者是憑藉其已獲入境或逗留准許而獲簽發香港身份證，而該准許已經逾期或不再有效則除外。

每名合資格長者**每年可獲發的醫療券金額為港幣 2,000 元（編按：2022 年 10 月《施政報告》把金額提升至 2,500 元）**，而醫療券累積金額上限為 8,000 元。長者自符合長者醫療券計劃資格的年度起，他們於當年度可獲發的醫療券金額會於 1 月 1 日自動存入他們的醫療券戶口。

為方便長者，合資格的長者毋須預先登記，當有需要接受醫護服

接左頁

務及使用醫療券時，只須向已登記的醫療服務提供者出示身份
證，並在親身接受醫護服務後簽署同意書，便可使用醫療券。

為防濫用，長者必需親身接受醫療服務後才可使用醫療券支付相關
服務費用。醫療券不可用於純粹購買物品（包括藥物、眼鏡、海味、
食品等）、兌換現金、轉贈別人或與別人共享。

至於第三條題目，則很講究考生平日有沒有多看新聞。如果有
留意新聞，應該會看過一些有關醫療券被濫用的事件或報導：

針對醫療券被濫用的情況，據傳媒報導，有視光店或海味舖將貨品
以醫療券金額 2,000 元的價值出售，藉此提供套現醫療券的機會；
又或者有長者把醫療券用於購物消費，而非用於醫療服務，有違長
者醫療券計劃的初衷。

有見及此，政府亦開始為這項關顧長者的措施加入更多使用限制和
條款，例如醫療券不可用於純粹購買物品（包括藥物、眼鏡、海味、
食品等）、兌換現金。而醫療券計劃的的管理部門亦相應增加人手
作抽查及視察，以防有醫療服務提供者濫用。

本章合共五個模擬個案，示範了較常見的時事題考問形式，在
此亦希望考生明白一個道理 —— **時事常識的累積是沒有捷徑的，只
能通過日常逐步增進對社會的了解及觀察，才可得到相關的知識。**

建議考生預習時事題的參考資料，包括：行政府新聞處的新聞
資料庫、香港政府一站通的資訊，以及各政府部門的官方網站等
（詳見附錄〈時事題參考網址一覽〉）。

Chapter 06

英文題

　　終於來到 ACO / CA 面試的最後一部分，就是唯一不使用廣東話的英文題。這部分僅為測試考生的英語水平，相對於應付時事題需要多關注時事新聞和進行分析思考，英文題算是較易應付的，難度高低端視乎文章裏有多少深澀冷門的字詞了。

6.1 英文題的形式及要點

面試的最後一部分是英文題目。英文題目的文章範圍很廣，就像技能測試的打字一樣，沒有所謂常見的用字，考生亦難以猜題，只可以在平日盡力提升英語的講、聽、讀水平。

英文題的面試形式大致如下：

> ➢ 考生會被要求朗讀出一篇大約 100 至 150 字的英文文章；
> ➢ 考官會根據文章內容提出一至三條問題，問題形式類似中學的閱讀理解，問題的答案可在文章內容中找到；
> ➢ 考生只須明白文章內容，即可回答。

關於應付英文題的練習方法，筆者提議考生可在面試前的一星期，每天練習朗讀 10 分鐘左右的英文文章，以求面試當日可以流暢地讀出整篇約不超過 200 字的文章。此外，朗讀文章時建議可在標點位置略作停頓，而全程應維持較緩慢而流暢的語速，避免因緊張而令讀音不清。

如果在面試時朗讀的文章中，遇到不懂得怎樣讀的英文生字，考生一定要保持冷靜，千萬不要跳過該字或長時間停下來不讀，嘗試從生字的字首或字尾去猜想怎樣發音，跟着硬拼出一個讀音吧。不用擔心讀錯，畢竟有時候香港人讀中文（廣東話）也會講錯發音，所以不要太介意讀錯一些英文生字，保持整個朗讀過程的流暢度更為重要。

事實上，ACO / CA 的工作內容甚少要求以英語會話進行溝通，

所以「講」並非太過關鍵。然而，因為政府內部絕大部分的文書交流都是以英文為媒介，包括上司以電郵發出的指令大都是以英文為主。因此，英文題的第一部分純粹是測試考生閱讀及理解英文的能力。

接着第二部分中，考官提出的問題都是比較直接的，答案一般可以在文章中找到，考生在回答問題時亦毋須太刻意重新組織句子以爭取表現。

考生想於 ACO / CA 面試過程中展示自己的英文能力強，只要在第一部分的朗讀文章階段說得流利，就已經足夠了。

以下有跟 ACO / CA 真正面試相若程度的文章例子及問題，考生可以嘗試朗讀，記住要盡量講得流暢一些。當然，數篇文章是不足夠的，讀者可參考這些文章的深淺程度，在面試前上網瀏覽類似文章並加以誦讀練習。

6.2 例文 1：
Control of Single-use Plastic Utensils

模擬文章

The Council for Environment Protection has conducted a two-month public consultation from 5 October 2022 to 4 December 2022 to collect views from the public on Control of Single-use Plastic Utensils. During the consultation period, members of the public could submit their views through the following channels: in person or by post; by facsimile; by email; or by telephone.

The Council has received over 5,800 views collection forms and 94 written submissions from the public. Moreover, opinions were received through other channels. Unless respondents have requested to keep their submission confidential, the comments collected are published on the Council's official website.

模擬問題

> Please name two channels that the public could submit their views.

- In person or by post; by facsimile; by email; by telephone.

- 留意問題只問兩個，所以上列四項內任選兩項回答即可。

> How many views collection forms the Council has received?

■ 5,800 (Five thousand and eight hundred) .

> Where can the public read the comments collected?

■ The Council's official website, or;

■ The official website of the Council for Environment Protection.

注意事項

此篇例文中有較多數字及日期，考生在面試前可以多練習用英語讀出數字及日期的能力。假設在面試中出現 18 世紀或其他年份（如比較特別的 2022 年，通常用英語是讀 Twenty-Twenty-Two，而在香港亦可以接受約定俗成的讀法 Two-O-Two-Two）。以此推論，如文章談及一個十年計劃，就會有出現如 2033 年這種年份，考生自然要先想好如何讀出這種年份。而即使在面試現場真的遇上了不清楚或不認識的日期讀法，考生請緊記 —— 照讀吧，既然 2022 年可以讀作 Two-O-Two-Two，2033 年大不了便讀成 Two-O-Three-Three 吧。

考生亦要好好留意慣常英語讀法，包括常見日期如 21 號，要讀 twenty first，而非 twenty one 啊。讀錯不可恥，只要有流暢地讀出來就好。千萬不要遇到不會讀的句子就突然停頓下來，然後跟考官面面相覷。

6.3 例文 2：
Real-time Arrival Information

模擬文章

In order to facilitate passenger's trip planning, the Transport Association has launched the Real-time Arrival Information System for the public means of transportation. Passengers can check the estimated time of arrival of the next minibus, bus, train, and ferry by using the new version of the Association's mobile application.

The Association has disseminated the real-time arrival information of means of transportation in phases starting from 2022, with a view to achieving full implementation in 2024. Passengers can visit the Association's website of the most updated list of transport routes covered.

模擬問題

> What means of transportation are being covered in the Real-time Arrival Information System?

■ Minibus, bus, train and ferry.

> How can passengers check the estimated time of arrival of the public means of transport?

- Use the new version of the Association's mobile application, or

- Use the new version of the Transport Association's mobile application.

- 上列兩個答案，以第二個更準確。

注意事項

此個案中的提問依然是較直接簡單的，沒有甚麼語言陷阱，唯一特別之處是文章中出現了簡稱（第一段第二句中的Association's，其實是首段第一句中 Transport Association 的簡稱），而它同時是問題的答案。筆者在此會建議有能力的考生回答全稱，因為這才是更準確的答案。

當然，即使考生只回答了簡稱亦不能算是錯誤，但回答全稱會讓考官感到你有準確地消化及理解文章內容。惟有一點要留意，由於全稱並非出現在跟答案直接相關的文句之中，換言之考生有需要在腦海中先重新組織句子，可能會令回答時的順暢度稍減。

因此，考生在回答時應該先考慮是否有能力組織句子回答全稱，而不影響順暢回答，再決定選擇第一或是第二個回答方式。

6.4 例子 3 :
Lifelong Mentorship Program

模擬文章

The Lifelong Mentorship Program for the new academic year has been launched this summer. The Program comprises two elements, including mentorship and personal development. Each mentee will be paired with a mentor who has at least ten-year experience in his / her profession. The mentor will share his / her life experience, inspire the mentee to explore more possibilities personal development, and encourage the mentee to set both academic and personal goals in a proactive and positive manner. The Program will help mentees broaden horizons, set an academic and career target for the future.

The inauguration ceremony of the Program will be held in the coming September. 300 participating students and their mentor will attend the ceremony.

模擬問題

➤ When did the Lifelong Mentorship Program launch?

■ This summer.

➤ What will the mentor share with their mentee?

- Life experience.

➢ How many students and mentor in total will attend the inauguration ceremony?

- 600 (Six hundred).

注意事項

這篇示範文章中出現了「/」斜線號（Slash）在文字之間——「his / her」。較常見的用法都是在不指明性別，即「男 / 女」之間出現。有一些考生在朗讀文章的時候往往不知道如何處理這個「/」。其實「/」就是「或」、「or」的意思，考生在朗讀時直接把「/」讀成「or」即可。

以此篇示範文章為例，「at least ten-year experience in his / her profession」就應讀作「at least ten-year experience in his or her profession」。十分簡單，考生不必緊張。

此外，第三條問題的答案需要一點巧思。儘管文章最後一句說「300 participating students and their mentor will attend the ceremony」，但文章前段已經提過 300 位參與學生會各配對一位 mentor，因此當問及最終出席典禮的人數時，其實是 300 位參與學生再加上各自配對的 300 位 mentor，即合共 600 人。假如不慎直接以跟提問用字幾乎一模一樣的文章最尾一句當作答案，便會被考官評為欠缺閱讀理解能力。

6.5 例子 4 :
Registration of Medicines

模擬文章

In order to ensure that the medicines available for sale in Hong Kong are safe, Pharmacy and Poisons Ordinance Cap 138 regulates the registration of medicines. Manufacturer is required to provide product documents to support its safety, efficacy and quality for registration. These documents usually include manufacture and quality control procedure, clinical study reports and overseas post-marking study results of the product. For product manufactured in Hong Kong, the manufacturer should obtain the registration of the product while the local importer should obtain the registration for products manufactured outside Hong Kong.

Once a medicine is approved for registration, a registration number is required to be labelled on the sales packs of the medicine.

模擬問題

➢ Which Ordinance regulates the registration of medicines in Hong Kong?

■ Pharmacy and Poisons Ordinance Cap 138.

➢ Please suggest two examples of required documents for registration.

- Manufacture and quality control procedure; clinical study reports; overseas post-marking study results.

- 以上三項內，任選兩項回答即可。

➢ Who is responsible for registration of medicine manufactured in Hong Kong?

- Manufacturer.

注意事項

第二題的形式是之前示範個案中亦曾出現過的，就是文中有提到數個項目，而問題只要求考生任選當中幾項。容易心情緊張的考生，不要細想了，就按照原文內容的順序來回答吧。例如本個案中的問題要求考生舉出兩個註冊所需的文件例子，考生就乾脆直接依順序回答文中第一和第二種文件例子。因為容易緊張的考生只要一思考，往往就會口窒，影響考官對自己的印象。

甚麼時候要跳過項目作答？就是當你對那個字句的讀法沒有信心。以本個案為例，假如考生回答第二題時不會唸「procedure」，就應該即時跳過第一個選擇，直接回答 clinical study reports 和 overseas post-marking study results，獻醜不如藏拙。

跟着的兩個例子，要注意的事項都是大同小異，所以就只列出範文，以及相關的提問與答案，讀者可自行思考當中有甚麼需要小心注意的地方。

模擬文章

The Government attaches great importance to the environmental hygiene of the city and endeavours to step up its public promotion and education with a view to enhancing public awareness on street hygiene and creating public hygiene culture. Through the monthly District meeting, the Government reminds District Offices to pay attention to environmental hygiene, including to comply with the anti-epidemic measures, to arrange frequent cleansing work.

In addition, the Government also from time to time puts up various posters on health education at prominent positions in public parks, government buildings, public transport, urging the public to pay attention to personal hygiene.

模擬問題

> ➢ What does the Government remind District Offices through the monthly District meeting?

> ■ To pay attention to environmental hygiene, including to comply with the anti-epidemic measures, to arrange frequent cleansing work.

英文題

chapter 06

➢ Where does the Government put up posters on health education to urge the public to pay attention to personal hygiene?

■ Prominent positions in public parks, government buildings, public transport.

6.7 例子6：
Transfer of Ownership of a Vehicle

模擬文章

In order to apply for transfer of ownership of a vehicle, the existing owner of a vehicle shall submit the duplicate of a notice form, completed and duly signed by the existing owner and the new owner, to the Transport Department within 72 hours after the transfer of the ownership of the vehicle. The new owner shall submit the original of the notice form, completed and duly signed as well, to the Transport Department, together with the required documents and fee within 72 hours after the transfer of the ownership of the vehicle, so to complete the transfer procedures.

Both the existing and new owner should note that, before the transfer of vehicle ownership procedures are completed, the existing owner is still required to take up all legal liabilities incurred by the vehicle. Existing owner and new owners are suggested to visit the Department together to complete the procedures together.

模擬問題

> Who shall submit the original of the notice form for application of transfer of ownership of a vehicle?

- New owner.

- ➤ When should be the notice form be submitted for transfer of ownership of a vehicle?

  - Within 72 hours after the transfer of the ownership.

- ➤ Who is legally liable for the vehicle before the transfer of vehicle ownership procedures be completed?

  - Existing owner.

結語

ACO / CA 的更多可能性

隨着愈來愈多新入職的 ACO / CA 都擁有愈來愈高的學歷，他們對自己的未來亦愈來愈有想法及積極，並往往只視 ACO / CA 為職涯的第一塊跳板。

近年來在政府內部都不乏 ACO / CA 在無間斷地嘗試申請各職位空缺時，最終考到其他薪酬更高、晉升階梯更易更快的公務員職位。

現任 ACO / CA 在投考這些公開招聘的公務員職位時，會比其他沒有政府工作經驗或剛剛畢業的考生更優勝。除了是因為學歷或資歷上的分野，更多是因為這些現職 ACO / CA 的背景，令政府部門（包括考官）覺得這些人已經熟悉政府的運作模式，最起碼不需要再浪費時間作教育、等候新人適應。又考慮到現職 ACO / CA 既然已經習慣了政府的辦公及處事風格，比較不會因為「水土不服」而輕易辭職，在人事上帶來更高的穩定性。

筆者明白，很多擁有高學歷的考生在預備 ACO / CA 面試期間，可能都會心存掙扎，苦惱着是否要頂着個大學學位去應考 ACO / CA 這份學歷門檻要求相對較低的工作。可是，既然已經遞交了報名申請表，考過了技能測試和《基本法及香港國安法》測試，卒之走到面試這一關，筆者絕對建議以打政府工為終極目標的考生，先全心全意盡力去接受面試吧，理由是 ——

只要得到 ACO / CA 的取錄，擁有 ACO / CA 的工作資歷，絕對有助大家他日去報考其他的公務員職位！

學歷是大致上已經固定下來的背景，除非考生願意去投資、多花幾年進修考取更高的學歷，否則短期內不會有突變的可能。反之，在政府內部工作的經驗則需要獲得 ACO / CA 取錄入職後才可逐漸累積。

在這個準備 ACO / CA 面試的階段，考生唯一可以做的事，就是好好訓練、提升自己的面試技巧和能力。因為在每一份公務員職位的招聘程序中，考生都必須通過面試這一關。

良好的表達與面試能力，看似來自天賦，但其實隱含可後天鍛鍊的技巧、清晰的原理與脈絡，考生只要好好釐清考官的要求（老實說，政府各個部門對人才的要求方向，大致上都是相若的），然後循序漸進、按部就班地慢慢練習，定能有所進步。

跨過「死亡之題」的練習秘訣

筆者仍在政府工作的時候，見過太多工作能力十分強的 ACO / CA，他們擁有大學學歷，能力優秀，中英文寫作能力隨時及得上不少 EO 或主任級別的上司，而且工作既認真又負責任。據了解，他們一直有報考不同部門和職級的公務員空缺，可惜因為談吐和說話表達能力未如其他競爭者，直白一點說，就是不夠能言善道，在面試期間亦受限於自己的表達能力，結果未能將自己的最好一面和優秀能力展現在考官眼前，失去跳職的機會。

寄語擁有高學歷及優秀工作能力的朋友，在收到 ACO / CA 的

取錄通知時，只要你在政府內部尚有其他職位目標，都不要馬上把這本書扔掉。

　　筆者建議大家多多翻閱本書的第四章，重溫考生最怕的處境題，因為處境題是大部分公務員職位招聘的面試過程中，必然會出現的考核形式。而在順利入職政府之後，考生可以在日常中留意這些會在辦公室發生的處境，看看你認為表現良好的同事如何處理每一個處境，再將時間軸寫出，並以文字串連起來，寫一份大約一兩分鐘長的講稿，試練。

　　當考生寫完大概五至十個處境，再重新看一次並閱讀這五至十個你認為值得學習的處理手法，大概就會找到當中的相似之處，這些正正是處境題的應對思維！上述這個練習有助考生了解處境題背後的解題技巧，日子有功，考生在面對其他部門或職位的面試時，就不用再害怕這個「死亡之題」了。

　　考生們亦要記着，ACO / CA 只是自己職涯的第一步或初階，不要停在這裏就滿足，一定要慢慢增強自己的能力，為將來鋪路。

　　期待未來在其他公務員職位招聘的通關書籍或課程內，再見到大家！

附錄

時事題參考網址一覽

網站	提供資訊	二維碼連結
公務員事務局網站 (https://bit.ly/3ziAz3t)	公眾可在此查看最新的公務員招聘資訊。	
公務員事務局社交平台 (http://fb.me/csbgovhk)		
政府新聞處 – 新聞公報 (https://bit.ly/3yyeAG6)	可在此網站找到政府的新聞公報，留意可點選中、英文語言顯示，看到兩種語文的新聞內容。	
香港政府一站通 (https://bit.ly/3epMar4)	政府向公眾發放不同政策及措施訊息的綜合平台。	
香港電台新聞 (https://bit.ly/3fODQ4j)	香港電台的中英文新聞總滙，有助應付時事題。	

接左表

公務員隊伍管理資訊 (https://bit.ly/3Al2lOj)	公務員聘任、薪津、福利、隊伍管理等的概覽。	
政府部門常用辭彙、刊物和統計數字 (https://bit.ly/3QM5Liq)	可使用關鍵字查找政府常用的中英文辭彙，以及觀看一些電子版政府刊物和公務員人事資料統計數字。	
立法會網站 (https://bit.ly/3plYxpK)	在此可看到立法會最新的討論資訊，有助應付時事題。	
香港特區政府組織圖 (https://bit.ly/3CumgdA)	可點選組織圖中的各政府部門的方格進入其官方網頁，查找部門發放的最新資訊。	
香港貿發局 – 經貿研究 (https://bit.ly/3RUEdb3)	提供一些官方經貿數據，有助加強了解跟本地經貿領域有關的訊息。	
香港文書職系公務員總會 (https://bit.ly/3yxtBrE)	提供文書職系公務員的最新招聘、晉升等資訊。	
香港特區政府 文書職系人員協會 (https://bit.ly/3Vm3bTp)	另一個面向文書職系公務員的組織，提供有面向政府內部的面試訓練資訊。	

EO Classroom 著

責任編輯	梁嘉俊
裝幀設計	黃梓茵
排　版	陳美連
印　務	劉漢舉

出　版

非凡出版
香港北角英皇道 499 號北角工業大廈一樓 B
電話：（852）2137 2338
傳真：（852）2713 8202
電子郵件：info@chunghwabook.com.hk
網址：http://www.chunghwabook.com.hk

發　行

香港聯合書刊物流有限公司
香港新界荃灣德士古道 220–248 號荃灣工業中心 16 樓
電話：（852）2150 2100
傳真：（852）2407 3062
電子郵件：info@suplogistics.com.hk

印　刷

美雅印刷製本有限公司
香港觀塘榮業街六號海濱工業大廈四樓 A 室

版　次

2024 年 9 月第二版
©2024 非凡出版

規　格

16 開（210mm x 150mm）

ISBN

978–988–8807–90–1